L'ALUMINIUM

LE MANGANÈSE, LE BARYUM, LE STRONTIUM, LE CALCIUM ET LE MAGNÉSIUM

ADOLPHE LEJEAL

Préparateur du Cours de Métallurgie au Conservatoire
des Arts et Métiers.

L'ALUMINIUM

Le Manganèse, le Baryum, le Strontium, le Calcium et le Magnésium

INTRODUCTION

Par M. U. LE VERRIER

Ingénieur en chef au corps des mines
Professeur au Conservatoire des Arts et Métiers et à l'École des Mines

Avec 37 figures intercalées dans le texte

ALUMINIUM
Considérations économiques
Propriétés physiques et chimiques. Composés de l'aluminium
Minerais et fabrication des produits aluminiques
Métallurgie. — Electro-métallurgie
Emploi, analyses et essais. — Usages

MANGANÈSE
Combinaisons. — Alliages

BARYUM — STRONTIUM

CALCIUM
Chaux. Ciments. Chlorures. Phosphates. Superphosphates.

MAGNÉSIUM

PARIS

LIBRAIRIE J.-B. BAILLIÈRE ET FILS

Rue Hautefeuille, 19, près du boulevard Saint-Germain.

1894

INTRODUCTION

Ce livre résume l'histoire des métaux terreux et alcalino-terreux. L'aluminium y tient la part du lion : c'est, en effet, le seul du groupe qui ait pris un rôle important en métallurgie.

Tous ces corps se distinguent des métaux usuels au point de vue physique par leur légèreté, au point de vue chimique par leur grande affinité pour l'oxygène. La plupart d'entre eux sont très répandus dans le sol ; ils forment les éléments ordinaires des terres et des roches, cependant ils sont restés inconnus presque jusqu'à nos jours. L'aluminium qui partage ces propriétés essentielles se distingue de ses compagnons parce que seul il n'est pas altérable à l'air, et se prête, par suite, aux usages communs des métaux.

Il semblerait que les métaux les plus abondants

a.

dans notre sol auraient dû être les premiers connus :
mais leur grande affinité pour l'oxygène rend leur
extraction difficile et les a soustraits à nos recherches,
tant que la chimie n'a pas été armée de moyens plus
puissants que ceux dont elle disposait avant notre
siècle. C'est à la même cause qu'il faut attribuer
l'abondance de leurs composés, et leur rareté sous
forme de métal libre.

En effet, si l'écorce terrestre, suivant l'idée admise
par la plupart des géologues français, est le produit
d'une sorte de coupellation naturelle, de l'oxydation
progressive d'un noyau métallique, elle a dû se
former tout d'abord aux dépens des éléments les plus
oxydables et aussi des plus légers, que le jeu de la
pesanteur avait réunis dans les couches superfi-
cielles.

Ce n'est donc pas une bizarrerie, c'est l'effet d'une
loi naturelle, si l'aluminium présente avec tous les
métaux des premières sections cette triple particula-
rité, d'être léger, très répandu dans la nature, et
cependant inconnu jusqu'à nos jours.

Ce qui est plus imprévu chez l'aluminium, ce qui
lui donne son importance pratique, c'est le privilège
dont il jouit d'être inaltérable à l'air. Son affinité
pour l'oxygène, la stabilité de ses composés aurait
fait supposer le contraire. Comment est-il moins
attaquable que beaucoup de métaux usuels dont il
réduit cependant les oxydes à chaud? Pourquoi

montre t-il à la fois une grande énergie chimique dans certaines circonstances et une inertie complète dans les conditions ordinaires?

Cette anomalie s'explique par des phénomènes de surface. L'aluminium se recouvre à l'air d'une pellicule oxydée[1], presque invisible, insoluble, qui le soustrait au contact de l'oxygène et de plusieurs autres réactifs. Il subit spontanément la modification superficielle qu'on produit artificiellement sur le fer : on sait que ce dernier métal, si prompt à se rouiller, devient à peu près inaltérable quand on l'a recouvert (par l'action de la vapeur d'eau ou par électrolyse), d'une mince couche d'oxyde magnétique.

Cet avantage qu'offre l'aluminium est malheureusement acheté par deux inconvénients graves, car, c'est sans doute l'état particulier de sa surface qui le rend si difficile à souder, et qui empêche l'adhérence des dépôts galvaniques.

On trouvera, dans le livre de M. Lejeal, l'histoire curieuse des phases successives par lesquelles a passé la métallurgie des métaux alcalins et terreux. Elle a eu recours alternativement à deux types de procédés différents, les méthodes chimiques et les méthodes électriques : et le progrès a souvent consisté à revenir aux moyens qu'on avait abandonnés,

---

[1] Il entre peut-être dans la composition de cette pellicule un sous-oxyde.

pour les perfectionner de nouveau. C'est par l'électricité que Davy a, le premier, réduit le potassium, le sodium : mais cet agent coûtait trop cher alors, on ne pouvait l'employer que sur une petite échelle. L'effort des inventeurs se porta sur la recherche de procédés chimiques : c'est ainsi que Brunner, puis Deville, arrivèrent à rendre pratique l'extraction du sodium, qui servit de réactif pour extraire le magnésium et l'aluminium.

Ces premiers procédés, malgré des perfectionnements importants, ne permirent pas de rapprocher le prix de revient de celui des métaux usuels. De nos jours, on s'est aperçu que l'électricité était devenue un agent pratique, et qu'il fallait peut-être revenir à elle pour l'extraction des métaux difficiles. La voie ouverte par la réussite de Cowles qui parvint à réduire directement l'alumine, tous les chercheurs s'y précipitèrent. Aujourd'hui, c'est l'électrolyse par fusion ignée qu'on emploie partout pour l'aluminium et qu'on commence à appliquer au sodium : on est revenu, en somme, au point de départ, à la méthode de Davy.

Ce genre de procédés, si bien étudiés par M. Minet, n'a peut-être pas dit son dernier mot : cependant, il ne semble plus susceptible de perfectionnements fondamentaux. S'il a réduit beaucoup le prix de l'aluminium (qu'on vend aujourd'hui 6 francs le kilogramme), il est peut-être arrivé à la limite de son efficacité ; on ne peut guère espérer qu'il permette d'atteindre le prix de 3 francs.

Aussi, quoique les usines électriques commencent à peine à se développer, on fait déjà de nombreux essais pour les remplacer en revenant à des procédés chimiques différents des anciens, et qui seraient assurément plus économiques si l'on parvenait à les réaliser.

Comme le montre M. Lejeal, la métallurgie de l'aluminium devrait être essentiellement une industrie française. C'est dans notre pays qu'elle a pris naissance et c'est peut-être le seul métal pour lequel la France possède des gisements plus riches que les autres pays et soit en mesure de produire bien au delà de sa consommation. Cependant, l'usine la plus importante est aujourd'hui en Allemagne, et, chose plus bizarre, les usines françaises font encore venir d'Allemagne, malgré des droits de douane très élevés, l'alumine qui y est fabriquée en majeure partie avec des bauxites françaises.

Il serait cependant facile de les traiter sur place : la fabrication de l'alumine n'a rien de mystérieux. M. Laur, qui l'a beaucoup étudiée, a découvert dernièrement un perfectionnement qui la simplifierait beaucoup et la rendrait abordable avec des capitaux très réduits. Il y aurait peut–être, de ce chef, une économie d'un franc par kilogramme à réaliser sur le prix de revient du métal.

Lors de sa première apparition, après les décou-

vertes de Saint-Claire Deville, l'aluminium n'a produit
au point de vue industriel, qu'une déception complète. Il n'a reçu aucune application sérieuse. On peut
se demander encore, si le même phénomène ne va pas
se reproduire, et si les grandes espérances provoquées
par la baisse de son prix (de plus de 90 pour 100) ne
seront pas trompées.

Quelques applications nouvelles, comme son emploi
dans la métallurgie de l'acier, paraissent acquises :
mais la plupart sont encore à l'essai; les tentatives
nombreuses qu'on trouvera énumérées dans ce livre
n'ont pas donné des résultats bien encourageants. La
consommation est limitée, elle le restera peut-être,
au moins tant que le prix de vente n'aura pas subi
encore des réductions notables.

L'aluminium étant encore trop cher, on n'a cherché
à l'appliquer qu'à certains cas où la question de
dépense pouvait paraître négligeable devant les
avantages qu'on en attendait : tantôt comme, dans la
construction maritime, on espérait une diminution
considérable de poids, mais alors sa faible résistance
devenait un inconvénient grave : tantôt, pour de
petits objets d'un usage journalier, l'augmentation de
prix résultant de la matière première pouvait paraître
insignifiante, et la résistance n'était plus nécessaire;
mais ici, la facilité avec laquelle l'aluminium se ternit
lui donne un aspect désagréable ; ce n'est pas un
métal élégant.

On a peut-être eu tort de vouloir lui faire prendre les grands rôles, il n'est ni assez fort ni assez beau pour cela : il est mieux fait pour jouer les utilités. Par sa nature il se prêterait par exemple bien aux accessoires de la construction, c'est-à-dire aux parties où la résistance n'est pas nécessaire, à ce qui fait remplissage et non ossature.

On lui a demandé des services au-dessus de ses forces, on a voulu le substituer à l'acier ou au fer : c'est le zinc ou la fonte qu'il pourrait remplacer avantageusement, avec une grande diminution de poids ; à un autre point de vue, il remplacerait le bois et le carton sur lesquels il aurait l'avantage d'une résistance plus grande.

C'est dans cette voie sans doute que l'aluminium trouvera des débouchés normaux si l'on arrive à le produire à meilleur marché.

C'est une industrie encore dans sa période de croissance que celle dont M. Lejeal a tracé le tableau. Ce livre rendra des services, en donnant l'historique exact des phases qu'elle a traversées et en propageant des idées exactes sur son état actuel. On y trouvera quelques données nouvelles sur les propriétés de l'aluminium qui ont fait l'objet de diverses recherches dans notre Laboratoire du Conservatoire des arts et métiers.

Je dois y signaler spécialement un genre d'illustration tout nouveau ; ce sont les coupes microscopiques dont M. Guillemin a bien voulu l'enrichir. Ce moyen d'étude est appelé certainement à se généraliser, et bientôt il ne sera plus permis de se borner, comme autrefois, à donner le signalement d'un métal sans y joindre son portrait intime, sa carte d'identité.

Le livre de M. Lejeal avec celui de M. Weiss, sur le cuivre, auront été les premiers à réaliser ce *desideratum*, grâce au concours obligeant de M. Guillemin, qui est passé maître dans l'art de disséquer et de portraiturer les métaux.

U. Le Verrier.

Paris, 25 février 1894.

L'ALUMINIUM

LE MAGNÉSIUM, LE BARIUM, LE STRONTIUM ET LE CALCIUM

CHAPITRE PREMIER

HISTORIQUE DE L'ALUMINIUM

Découverte de Wöhler. — Les travaux de Sainte-Claire Deville ; ses essais industriels de fabrication. — Les procédés électro-métallurgiques ; Cowles, Hall, Heroult et Minet. — Procédés divers.

Il n'est guère de métal plus répandu dans la nature que l'aluminium, puisqu'il constitue la base des argiles et des feldspaths. On le rencontre en outre combiné à l'oxygène dans le corindon et dans la bauxite, minerai très fréquent des calcaires crétacés de la France méridionale.

Wöhler. — Néanmoins, c'est seulement dans le cours de ce siècle, de 1827 à 1845, que l'aluminium fut découvert ou plutôt isolé par Wöhler.

Les travaux de Wöhler se présentent, du reste, comme des travaux de laboratoire sans application industrielle. Il n'obtint, en effet, que des globules métalliques, gros comme la tête d'une épingle, disséminés dans une poudre grise d'alumine dont il était difficile de les séparer.

De plus, le procédé de Wöhler avait contre lui son prix de revient très élevé, puisqu'il se ramenait à déplacer l'aluminium de son chlorure, au moyen du potassium alors très coûteux.

Sainte-Claire Deville. — En somme, c'est à Henri Sainte-Claire Deville que revient l'honneur d'avoir fondé la métallurgie de l'aluminium.

Sainte-Claire Deville étudia la question de 1854 à 1857 et ses travaux furent d'ailleurs le développement des recherches de Wöhler.

Sans doute, Sainte-Claire Deville, avait d'abord cru pouvoir appliquer à l'extraction de l'aluminium le procédé électrolytique qui avait réussi à Bunsen pour le magnésium, mais il y renonça rapidement : car là encore se posait la grosse question du prix de revient. Le savant français reprit alors la voie indiquée par Wöhler et la tâche lui fut facilitée par les beaux travaux de Brunner, Mitscherlich, Donny et Mareska, qui venaient de réussir à produire le potassium en quantité relativement considérable.

Bientôt d'ailleurs, Sainte-Claire Deville, préféra au potassium le sodium comme unique agent de la décomposition du chlorure d'aluminum. Cette substitution présentait un double avantage : facilité plus

grande de manipulation, diminution assez considérable du prix de revient, résultant du faible équivalent du sodium (23), par rapport à celui du potassium (39) et de la valeur commerciale des sels du
sodium bien inférieure à celle des sels correspondants du potassium.

Un nouveau perfectionnement ne tarda pas à être
apporté au procédé primitif, à la suite de la découverte, au Groenland, de gisements importants de
cryolithe ou fluorure double de sodium et d'aluminium.

Sainte-Claire Deville utilisa ce sel comme fondant et remarqua que sa présence facilitait beaucoup la réaction du sodium sur les sels d'aluminium.

Avant de transporter dans l'industrie le procédé
de fabrication qu'il venait d'établir, Sainte-Claire
Deville chercha à fabriquer le sodium à un prix relativement bas et il put, après un certain nombre
d'essais faits sous sa direction par Debray à la Sor-
bonne, installer la fabrication du sodium dans
l'usine de MM. Rousseau frères, à La Glacière, qui
purent dès cette époque fabriquer ce métal d'une
façon industrielle et le livrer à l'industrie à un prix
relativement modéré.

Essais industriels. — Une fois ce résultat
obtenu, Sainte-Claire Deville put fabriquer l'aluminium en grande quantité, et le nouveau métal, resté
jusque-là une curiosité de laboratoire, pouvait déjà,

malgré son prix élevé, rentrer dans la catégorie des métaux dits usuels.

En 1856, les frères Tissier, qui avaient été attachés au laboratoire de Sainte-Claire Deville, créèrent une une usine à Amfreville près de Rouen. Ils employaient le procédé de Sainte-Claire Deville légèrement modifié et ne faisaient usage que de cryolithe et de sodium.

La découverte de la fabrication industrielle de l'aluminium fut accueillie avec enthousiasme, non seulement par le monde savant, mais aussi par le public qui voyait déjà le nouveau métal remplacer la plupart des métaux usuels.

C'était trop demander à ce métal qui possède bien ses qualités propres de légèreté et de malléabilité, mais qui ne peut évidemment remplacer les métaux auxquels on demande de la dureté et une grande ténacité. Aussi les quelques industries qui se montèrent à cette époque pour la fabrication de l'aluminium furent-elles obligées de cesser bientôt et à l'engouement du premier moment succéda rapidement un scepticisme injuste. On ne voulait plus voir dans l'aluminium qu'un métal curieux, mais sans applications possibles.

Cowles (1885). — La fabrication de l'aluminium resta jusqu'en 1885 dans l'état où l'avait laissée Sainte-Claire Deville. L'usine de Salindres, qui était à peu près la seule à produire ce métal, en fabriquait environ 2400 kilogrammes par an, qu'elle vendait environ 100 francs le kilogramme. Quelques usines anglaises et allemandes tentèrent bien quelques améliorations au procédé Deville, mais les prix de revient étaient toujours assez élevés et on peut dire que l'aluminium ne commença à devenir un métal usuel qu'en 1885, époque à laquelle Cowles obtint des premiers résultats de fabrication basée sur la décomposition de l'alumine, par le courant électrique, en présence des autres métaux, principalement du cuivre pour la production des bronzes d'aluminium si durs et si résistants.

Hall (1886). — En 1886, Hall électrolyse l'alumine supposée dissoute dans un bain de fluorure d'aluminium et de fluorure alcalin et il applique son procédé dans l'usine de *The Pittsburg Reduction Compagny*, à Pittsburg, et dans les usines Patricroft, près de Manchester. Ce procédé permet comme le procédé Minet, dont il se rapproche beaucoup, d'obtenir l'aluminium pur par électrolyse d'un bain de fluorures fondus.

Heroult. — La même année M. Heroult, ingénieur des Arts et Manufactnres, prenait un brevet pour la fabrication électrolytique de l'aluminium ; mais ce procédé ne s'appliquait, comme le procédé Cowles, qu'à la fabrication des alliages.

Ce procédé fut modifié en 1889 par M. Kiliani, et, grâce à cette modification, on pouvait obtenir également de l'aluminium pur. Le procédé Heroult-Kiliani est actuellement employé par les usines de Lauffen-Neuhausen, près de Schaffhouse, et par la Société électro-métallurgique française, dans son usine de Froges (Isère).

Minet (1887). — En 1887, M. Minet, après une longue série de recherches très intéressantes sur l'électrolyse par fusion ignée, établit son procédé qui a pour but d'extraire l'aluminium par voie électrolytique, d'un bain de fluorure double d'aluminium et de sodium préalablement fondu. Ce qui caractérise ce procédé électrolytique, c'est la précision et l'habileté avec lesquelles Minet a étudié les conditions d'électrolyse des sels d'aluminium fondus.

Le procédé Minet est actuellement employé à l'usine de Saint-Michel, en Savoie, appartenant à MM. Bernard frères.

Procédés divers. — Un grand nombre de brevets ont été pris et sont encore pris tous les jours pour la fabrication de l'aluminium ou de ses alliages. Nous ne croyons pas nécessaire de les rappeler ici, la plupart n'ayant pas encore reçu la sanction de la pratique. Nous aurons d'ailleurs l'occasion de parler de plusieurs d'entre eux dans le chapitre consacré à la métallurgie proprement dite.

CHAPITRE II

CONSIDÉRATIONS ÉCONOMIQUES

Richesse minérale de la France. — Production métallurgique
des différents pays en 1891. — Importation et exportation
des différents métaux. — Rapport entre la production et la
consommation. — Substitution de l'aluminium à certains
métaux usuels. — Prix de vente de l'aluminium et production
industrielle du métal depuis Sainte-Claire Deville. — Prix
des différents métaux usuels.

La France qui tient le premier rang comme nation
industrielle et agricole ne vient guère qu'en quatrième ligne au point de vue de la richesse minérale.
On se rendra compte de ce fait en comparant la
richesse minérale des différents pays pour les années
1887-1888-1889.

			Richesse minérale en francs
Angleterre [1].	. 1889	. . . .	2.758.999.800
États-Unis .	. 1888	. . . .	2.586.479.000
Allemagne .	. 1889	. . .	978.677.000
France [2] . .	. 1889	. . . .	411.875.000

[1] Et ses colonies.
[2] Et ses colonies.

Ces chiffres comportent non seulement les minerais métalliques, mais aussi les combustibles, pétroles, etc.

Le tableau (page 21), dont nous empruntons les chiffres à la *Statistique de l'industrie minérale*, donne pour chacun des métaux usuels la quantité de métal produite et la valeur en francs de cette production.

Importation et exportation. — Notre pays est obligé d'aller chercher à l'étranger une grande partie de ses métaux usuels. On remarque sur le tableau ci-contre que l'étain est à peu près monopolisé par l'Angleterre ; la France n'en produit pas du tout. Quant au cuivre et au plomb, nous n'en extrayons qu'une quantité tout à fait insignifiante pour nos besoins. Voici la balance des importations et exportations des métaux usuels en France pendant l'année 1891.

	Importations tonnes	Exportations tonnes
Plomb	74.748	10.937
Cuivre	33.235	6.528
Zinc	31.604	5.177
Étain	6.259	1.014
Nickel	801	210
Mercure	239	6

Rapport entre la production et la consommation. — D'après la *Statistique de l'industrie minérale*, le rapport qui existait en France, entre la

Tableau comparatif de la Production métallurgique des différentes nations en 1891

		ANGLETERRE et SES COLONIES	ÉTATS-UNIS	ALLEMAGNE	FRANCE et SES COLONIES	RUSSIE
Combustible.	tonnes	197.709.000	143.137.000	94.252.000	26.025.000	6.015.000
	francs	1.900.902.000	915.848.000	787.613.000	344.919.000	non indiqué
Fonte.	tonnes	7.548.000	8.411.000	4.130.000	1.897.000	926.000
	francs	499.027.000	647.640.000	260.289.000	124.136.000	non indiqué
Fer et Acier.	tonnes	5.301.000	7.212.000	3.259.000	1.472.000	811.000
	francs	non indiqué	1.071.226.000	573.252.000	315.218.000	non indiqué
Plomb.	tonnes	51.550	147.000	97.900	6.700	800
	francs	16.768.000	73.902.000	29.375.000	2.086.000	non indiqué
Zinc.	tonnes	23.330	58.000	200	20.600	6.900
	francs	14.527.000	32.460.000	110.000	10.352.000	non indiqué
Etain.	tonnes	14.760	» »	» »	» »	13
	francs	34.520.000	» »	» »	» »	non indiqué
Cuivre.	tonnes	85.000	119.000	24.800	2.100	7.000
	francs	121.442.000	159.797.000	35.373.000	3.177.000	non indiqué
Nickel.	tonnes	600	101	594	330	» »
	francs	5.195.000	695.000	3.392.000	1.680.000	» »
Argent.	kilogr.	48.163	1.894.642	448.826	71.303	14.562
	francs	7.679.000	390.657.000	73.217.000	11.408.000	3.131.000
Or.	kilogr.	59.564	49.917	3.076	1.562	39.361
	francs	207.997.000	171.847.000	10.539.000	4.922.000	135.481.000
Aluminium.	kilogr.	» »	28	» »	36	» »
	francs	» »	317.000	» »	428.000	» »

1.

production et la consommation des différents métaux était, en 1891 :

		Production		
Cuivre . . .	7 pour 100 de la consommation			
Étain . . .	0	—	—	
Zinc . . .	44	—	—	
Plomb . . .	11	—	—	
Nickel . . .	36	—	—	

Nous n'avons pas fait figurer l'aluminium dans ce tableau, puisque, actuellement, les quelques usines qui produisent l'aluminium en France sont en mesure de fabriquer au delà de la consommation.

Cependant, même lorsque le métal prendra une extension plus considérable, la richesse de la France en minerais d'aluminium lui permettra toujours de faire face à la consommation.

Les nations voisines de la France viennent même y acheter des bauxites qui sont ensuite traitées et transformées en alumine pure.

Substitution de l'aluminium à certains métaux usuels. — La substitution de l'aluminium à certains métaux usuels, notamment au cuivre et à l'étain, aurait donc pour premier effet économique de diminuer nos importations et probablement d'augmenter nos exportations.

Mais, pour que cette substitution soit possible et avantageuse, il faut que le prix de l'aluminium baisse encore, et il y a tout lieu de croire que, avec les perfectionnements apportés journellement à cette industrie, cette baisse arrivera bientôt.

Prix de vente de l'aluminium. — L'étape parcourue depuis Sainte-Claire Deville est déjà belle, comme on le montrent les chiffres ci dessous :

	Années	Prix par kilog.
Paris. . .	1856 (avril)	1000 »
— . . .	1856 (août)	300 »
— . . .	1859	200 »
— . . .	1862	130 »
Newcastle .	1862	130 »
Paris. . .	1878	130 »
— . . .	1886	110 »
Brême . .	1887	73 »
Paris. . .	1887	93 »
— . . .	1888	70 »
Londres . .	1888	44 »
Paris. . .	1889	50 »
Londres . .	1889	18 »
Paris. . .	1890	25 »
— . . .	1891 (février). . . .	20 »
— . . .	1891 (novembre). . .	15 »
— . . .	1892 (février). . . .	12 »
— . . .	1892 (novembre). . .	8 25
— . . .	1893 (juin)	6 25

Le prix de vente des bronzes d'aluminium dépendait, jusqu'en 1885, du prix de l'aluminium pur, mais depuis le procédé Cowles, ces alliages ont pu être livrés à des prix relativement bas, ainsi que l'on peut s'en rendre compte par les chiffres suivants

qui donnent le prix du bronze à 10 pour 100 d'aluminium.

1878.	Paris.	18 » le kilogramme
1885.	Alliage Cowles. . .	4,50 —
1888.	— — . . .	3,85 —
1888.	— Neuhausen. .	3,30 —

Il est assez difficile de connaître exactement la
quantité d'aluminium produite jusqu'à ce jour. Nous
empruntons à S. J. W. Richards les chiffres qui
vont suivre, mais cet auteur lui-même ne les donne
que sous toutes réserves.

1854 à 1856	Deville.	25 kilogrammes
1859	Nanterre (Deville) . . .	720 —
1859	Rouen (Tissier). . . .	960 —
1865	France	1090 —
1869	—	455 —
1872	Salindres.	1800 —
1872	Angleterre	750 —
1882	Salindres.	2350 —
1884	—	2400 —
1883	Philadelphie.	32 —
1884	—	60 —
1885	Cowles (en alliages) . .	200 —
1886	— — . . .	3000 —
1887	— — . . .	8000 —

A partir de 1887, la production augmente assez
rapidement en France.

Années	Quantité en kilog.
1887	3.500
1888	4.500
1889	14.840
1890	37.000
1891	36.000

Au moment où nous écrivons ces lignes, on peut se procurer l'aluminium en lingots, à raison de $6^{fr},25$ le kilogramme, et, si l'on tient compte de la faible densité de l'aluminium et de sa résistance, ce prix n'est déjà plus exagéré et peut lutter avec les prix de certains métaux usuels.

Pour bien se rendre compte de ce fait, nous avons cru devoir donner le tableau comparatif des prix des différents métaux à l'unité de poids et à l'unité de volume.

	Prix par kilog.	Prix par décimètre cube
Fer.	0,13	1 »
Cuivre.	1,21	10,70
Étain	2,50	17,85
Zinc	0,47	3,38
Plomb	0,25	2,80
Nickel	5 »	46,75
Aluminium . .	6,25	15,62

Nous verrons, en étudiant les propriétés mécaniques de l'aluminium, que ce métal est plus résistant à volume égal que le cuivre et l'étain ; par conséquent il y a déjà avantage, avec le prix actuel de 6^{fr},25 [1], à substituer l'aluminium à ces deux métaux, chaque fois que la substitution sera possible.

Il faudra probablement longtemps encore avant que ce métal devienne tout à fait usuel, à cause de cette force d'inertie qui fait, comme le disait si bien Sainte-Claire Deville, que l'introduction d'un nouveau métal dans les habitudes de la vie est d'une difficulté extrême.

[1] Nous tenons de M. Dreyfus, représentant des usines de Froges, que le prix de l'aluminium va encore baisser et que l'on pourra bientôt se procurer le métal à 3^{fr},50 le kilogramme.

CHAPITRE III

PROPRIÉTÉS DE L'ALUMINIUM

I. *Propriétés physiques.* — Influence du fer et du silicium sur les propriétés de l'aluminium. — Composition des différents échantillons d'aluminium du commerce. — Couleur. — Structure. — Densité. — Densité des principaux métaux usuels. — Fusibilité. — Chaleur spécifique. — Conductibilité. — Malléabilité et ductilité. — Ténacité.

II. *Propriétés chimiques.* — Action de l'air, de l'eau, de l'hydrogène sulfuré, etc. — Réduction des oxydes métalliques composés de l'aluminium. — Caractères analytiques des sels d'alumine.

I. Propriétés physiques de l'Aluminium

L'aluminium commercial n'est jamais chimiquement pur. Il renferme toujours, en proportions variables, un certain nombre d'impuretés qui nuisent aux propriétés du métal et qui peuvent même, si elles sont en quantité par trop considérable, en altérer complètement la qualité.

Influence du fer et du silicium. — Deux corps

influent surtout sur les propriétés de l'aluminium, et malheureusement ces corps l'accompagnent dans presque tous ses minerais ; nous voulons parler du fer et du silicium.

Aussi est-on obligé, quel que soit le procédé métallurgique adopté, d'employer des matières pures pour obtenir un métal de bonne qualité, et, comme la fabrication des produits alumineux purs est assez coûteuse, l'aluminium restera encore longtemps un métal relativement assez cher, à moins que l'on ne trouve un procédé d'affinage qui permette d'employer les minerais tels qu'on les extrait.

La métallurgie de l'aluminium est, on le voit, encore loin de réaliser cette hypothèse assez répan-- due que l'aluminium doit être le moins cher de tous les métaux parce qu'on le rencontre partout sous forme d'argiles.

En Allemagne, on classe les aluminiums du commerce en 3 classes suivant leur degré de pureté :

		Silicium	Fer	Aluminium
Nº 0.		0,06	0,04	99,90
Nº 1. . . .	de	0,18	0,21	99,61
	à	0,51	0,34	99,33
Nº 2. . . .	de	1,84	1,37	96,79
	à	3,82	3,34	92,84

Les analyses suivantes donneront une idée de la proportion d'impuretés contenues dans différents échantillons de métal.

Composition de différents Échantillons d'aluminium du commerce

ANALYSE	PROCÉDÉ	ALUMINIUM	SILICIUM	FER
Salvêtat	1. Deville *	88,350	2,890	2,400
Dumas	2. —	92,500	0,700	6,800
—	3. —	92,060	0,450	7,550
Salvêtat	4. —	92,969	2,149	4,880
Dr Krant	5. —	94,700	3,700	1,000
Dumas	6 —	96,160	0,470	3,370
Demondésir	7. Tissier	94,800	0,800	4,400
Sanerwein	8. Nanterre	97,300	0,250	2,400
Morin	9. —	97,000	2,700	0,300
Krant	10. —	98,290	0,040	1,670
—	11. —	97,680	0,120	2,200
Mallet	12. Salindres	96,253	0,454	3,293
—	13. —	96,890	1,270	1,840
Hampe	14. —	97,400	1,030	1,300
—	15. —	97,600	0 400	1,400
Frishmuth	16. Frishmuth	97,490	1,900	0,610
—	17. —	97,750	1,700	0,550
Hunt et Clapp.	18. Hall	98,340	1,340	0,320
Cullen	19. Castries	99,200	0,500	0,300
Krant	20. Grabau	99,620	0,230	0,150
Grabau	21. —	99,800	0,120	0,080

* Cet échantillon contenant en outre 6,380 pour 100 de cuivre.

Couleur. — L'aluminium pur est blanc bleuâtre. La teinte bleue, qui est presque insensible, si l'on examine un métal pur, augmente avec la proportion des impuretés. Un alliage à 5 pour 100 de fer et 10 pour 100 de silicium a la teinte du plomb.

Cette teinte bleue se produit à la longue si on laisse exposé à l'air un morceau d'aluminium pur. Il semble donc qu'elle soit due à une très légère pellicule d'oxyde : car, si on décape le métal dans de l'acide chlorhydrique très étendu, la couleur redevient blanche.

Une très petite quantité d'étain et surtout de bismuth donne au métal une couleur plus blanche et qui se rapproche de celle de l'argent.

Structure. — L'aluminium, lorsqu'il est pur, a une structure légèrement fibreuse (fig. 1). L'aspect de la cassure varie beaucoup avec le degré de pureté du métal. Un métal renfermant 8 pour 100 de silicium a déjà une cassure cristalline à grains fins (fig. 2). La même proportion d'un métal quelconque modifie la structure à peu près de la même façon, et, si la teneur en aluminium tombe au-dessous de 95 pour 100, la cassure présente une cristallisation très marquée et le métal devient cassant.

On peut se rendre compte de l'influence du silicium sur le métal en examinant les photographies obtenues par M. Guillemin, bien connu pour ses travaux sur la photomicrographie des métaux.

Densité. — L'aluminium est le plus léger de tous les métaux usuels. Sa densité est de 2,56 lorsqu'il a été simplement coulé ; cette densité augmente si on lamine le métal. La densité du métal écroui est 2,65. Cette différence de densité explique la diffé-

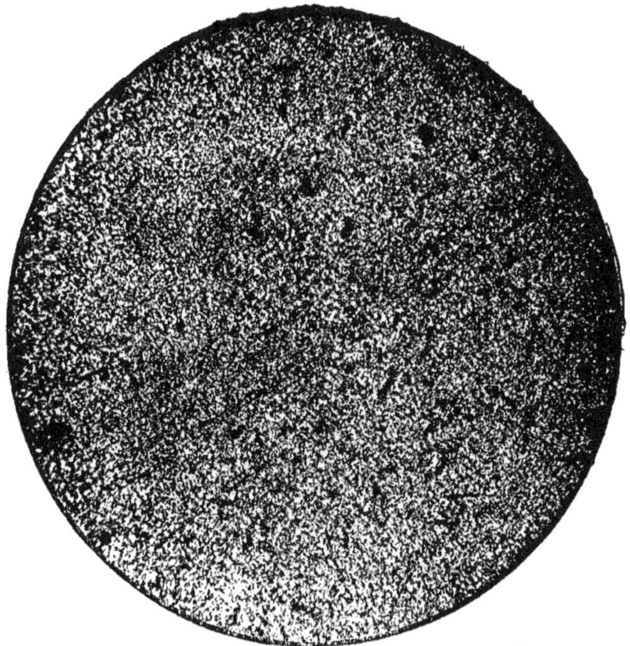

Fig. 1. — Aluminium pur de Froges, fondu aluminium
à 99,5 pour 100.

Fig. 2. — Aluminium à 8 pour 100 de silicium.

rence de résistance entre le métal coulé et le métal écroui.

Voici un tableau des densités comparées des métaux usuels fondus et de l'aluminium.

	Densité	Rapport à la densité de l'aluminium
Platine.	21,45	8,4
Or	19,26	7,6
Plomb	11,37	4,4
Argent.	10,47	4,1
Cuivre.	8,85	3,4
Nickel.	8,57	3,3
Étain	7,29	2,8
Fer	7,25	2,8
Zinc	7,19	2,8
Aluminium	2,56	1

La densité de l'aluminium commercial diffère un peu des chiffres 2,56 et 2,65 ; cela tient aux impuretés que renferme le métal. Le tableau suivant donne la densité observée et la densité calculée de quelques échantillons offrant des compositions variables. Les densités observées sont notablement plus fortes que les densités calculées, ce qui prouve qu'il y a eu contraction de volume.

ANALYSE			DENSITÉ	
Aluminium	Silicium	Fer	observée	calculée
97,60	0,60	1,80	2,735	2,61
95,93	2,01	2,06	2,800	2,61
94,16	4,36	1,48	2,754	2,59
78,00	16,00	4,00	2,850	2,66

Fusibilité. — L'aluminium fond à 625 degrés ; ce point de fusion est intermédiaire entre celui de l'argent et celui du zinc.

Tableau comparatif des points de fusion
des métaux usuels

Platine	2000°
Nickel	1500°
Fer doux	1500°
Or	1250°
Cuivre	1050°
Argent	1000°
Aluminium	625°
Zinc	412°
Plomb	335°
Étain	235°

Lorsqu'on fond de l'aluminium, on remarque qu'il conserve, pendant un temps relativement long, un état physique intermédiaire que l'on appelle « état pâteux ». Cela tient à ce que la chaleur latente de fusion est très grande.

M. Pionchon a établi que la quantité de chaleur $q_0\,t$ mise en jeu par le passage de 1 gramme d'aluminium de la température de 0 degré à la température de $t°$ pouvait être représentée jusqu'à 580 degrés par la formule :

$$q_0\,t = 0{,}393\,t - \frac{291{,}86}{1517{,}8 + t}\,t$$

Et au-dessus de 630 degrés jusqu'à 800 degrés, limite des expériences, par la nouvelle formule :

$$q_0 t \quad 0,308 \, t - 46,9$$

Chaleur spécifique. — La chaleur spécifique de l'aluminium est supérieure à celle de tous les autres métaux usuels :

Aluminium	0,2200
Fer	0,1138
Nickel	0,1092
Zinc	0,0956
Cuivre	0,0952
Argent	0,0570
Platine	0,0324
Or	0,0324
Plomb	0,0314

Cette chaleur spécifique élevée devrait être utilisée pour la fabrication d'objets usuels destinés à garder la chaleur, tels que réchauds, cafetières, théières, etc.

Conductibilité. — L'aluminium est bon conducteur de la chaleur. En prenant comme point de comparaison l'argent qui est le meilleur conducteur de la chaleur, on peut établir l'échelle suivante qui montre la différence de conductibitité des métaux usuels :

Argent	1000
Cuivre	736
Or	532
Aluminium	369
Zinc	190

Étain .	145
Fer	119
Plomb	85
Platine	84

Conductibilité électrique. — L'aluminium pur est un bon conducteur de l'électricité ; il occupe le quatrième rang dans l'échelle de conductibilité électrique.

Argent	1000
Cuivre	1000
Or	780
Aluminium pur	542
Zinc	299
Fer de Suède	160
Étain	154
Acier Siemens	120
Platine pur	106
Plomb	88
Nickel pur	79

Le tableau suivant indique la résistance à 0 degré d'un fil d'un mètre de long et d'un millimètre de diamètre :

	Ohm
Argent recuit	0,01937
Cuivre recuit	0,02057
Or recuit	0,02650
Aluminium recuit	0,03751
Platine recuit	0,11660
Fer recuit	0,12510
Nickel recuit	0,16040

Malléabilité et ductilité. — L'aluminium se lamine très bien, surtout si l'on a soin de le recuire après un certain nombre de passes au laminoir ; il

n'y a guère que l'or et l'argent qui soient plus malléables.

Dans l'industrie, on commence le laminage des
gros lingots vers 400 degrés environ, et, lorsqu'on
arrive à une épaisseur de 6 millimètres environ, on
continue le laminage à froid avec recuits. On juge
pratiquement la température du recuit en plaçant
sur le métal un morceau de bois qui doit flamber si
la température est suffisante.

L'aluminium supporte également très bien l'éti-
rage à la filière, il vient le quatrième dans l'échelle
de ductilité après l'or, l'argent et le platine.

Ténacité. — La tenacité de l'aluminium varie
avec son état physique. Tandis que le métal simplement coulé ne résiste qu'à 10 kilogrammes environ par millimètre carré, le même métal laminé et
écroui résistera à 25 kilogrammes environ, et, si l'on
recuit ce métal écroui à 450 degrés environ, la résistance baissera à 14 kilogrammes environ.

L'allongement qui peut aller jusqu'à 30 pour 100
pour le métal recuit tombera à 3 pour 100 pour le
métal écroui. L'aluminium coulé donne environ
5 pour 100 d'allongement.

Ces chiffres montrent combien est grande l'influence du recuit sur l'aluminium. M. Le Chatelier,
ingénieur de la marine, estime qu'en opérant métho-
diquement on peut arriver, par un recuit convenable,
à obtenir les qualités mécaniques que l'on désire.

La résistance décroît assez vite avec la température. Un fil recuit a donné à M. Le Chatelier :

18 kilogrammes à	. . . .	0°
13 —	. . . .	150
7 —	. . . .	250
5 —	. . . .	300
2 —	. . . .	400

Le tableau suivant permettra de comparer la
ténacité de l'aluminium avec celle des métaux ou
alliages usuels.

Les chiffres des colonnes 3 et 4 sont calculés d'après
les résistances de la colonne 2.

MÉTAUX ou ALLIAGES	RÉSISTANCE DES FILS par m/m 2	MÉTAUX LAMINÉS RECUITS	SECTION CORRESPONDANT à une résistance de 100 kg.	RAPPORT DES POIDS pour une résistance égale
	1	2	3	4
	kg.	gk	kg.	kg.
Cuivre	43	21	4,7	2,32
Nickel	100	»	»	»
Cobalt	130	»	»	»
Fer	80	40	2,5	1,08
Acier fondu	100	75	1,3	0,56
Étain	5	3,50	29	11
Plomb	3	1,30	97	47
Aluminium	**25**	14	7	1
Laiton à 99 0/0 Zn. .	36	12	8,3	3,76
Zinc	16	5,2	19	7,45
Argent	27	»	»	»
Or.	21	»	»	»
Platine	40	»	»	»

Le silicium a une certaine influence sur l'aluminium au point de vue de la résistance.

Jusqu'à 10 pour 100 de silicium, la résistance ne paraît pas sensiblement modifiée, mais l'allongement est moindre.

Des essais faits par nous au Conservatoire des arts et métiers, sur du métal laminé provenant de Froges et ne renfermant que des traces de fer et de silicium, nous ont donné:

	Charge de rupture	Allongement
Métal écroui . .	22 kilogr.	4 pour 100
Métal recuit . .	12 —	29 —

Les essais qui suivent ont été faits par M. Minet et montrent surtout l'influence fâcheuse du fer lorsque ce métal se trouve pour une teneur supérieure à 1 pour 100.

COMPOSITION				RÉSISTANCE par m/m²	ALLONG¹ pour 100
ALUMINIUM	FER	SILICIUM			
99,5	0,18	0,32	coulé	10,ᵏᵍ	20,
			martelé	12,3	9,25
98,22	1,28	0,50	coulé	10,95	2,45
			martelé	15,45	9,25
98,65	1,10	0,23	laminé	16,5	7,1
98,04	0,63	1,33	coulé	12,3	6,43
			martelé	13,9	21,
97,67	0,59	1,74	coulé	12,4	8,57
			martelé	12,3	9,18
97,50	1,06	1,44	coulé	12,80	6,66
			martelé	14,97	1,83

COMPOSITION					RÉSISTANCE par m/m^2	ALLONG^t pour 100
ALUMINIUM	FER	SILICIUM				
94,30	1,30	4.40	{	laminé	23,50	3,00 écroui
				laminé	15,10	17,00 recuit
92,60	1,30	6,10	{	coulé	12,60	1,53
				martelé	15,60	2,75
91,54	0,30	8,16	}	laminés	18,20 / 18,	13,00, / 11,4 } écrouis
89,80	1,57	8,90	{	coulé	17.10	2.85
				laminé	19,70	9,18
93,40	6.60	traces	{	coulé	6.20	0,70
				martelé	7,75	nul
89,60	1,40	9, »	}	laminés	18, / 20,	3, / 1,4 } écrouis
86,80	0.40	12,8	|	laminé	18,80	7,00 écroui

II. **Propriétés chimiques de l'Aluminium.**

Equivalent Al = 14. Poids atomique Al = 28

L'aluminium fait partie de la sixième section des métaux dans la classification adoptée par Thénard. Les caractères généraux des métaux appartenant à ce groupe sont les suivants :

1° Ils ne décomposent pas l'eau.

2° Ils ne s'oxydent pas à l'air même à des températures élevées.

3° Leurs oxydes sont irréductibles par la chaleur.

Ce groupe ne comporte du reste que deux métaux : l'aluminium et le glucinium.

Si on classe les métaux d'après leur atomicité, l'aluminium fait partie de la classe des métaux tétratomiques qui comprend une partie des métaux usuels :

<table>
<tr><td>Aluminium . . . .</td><td>Cobalt</td></tr>
<tr><td>Glucinium. . . . .</td><td>Nickel</td></tr>
<tr><td>Manganèse . . . .</td><td>Plomb</td></tr>
<tr><td>Fer . . . .</td><td>Platine</td></tr>
<tr><td>Chrome . . . .</td><td>Palladium</td></tr>
</table>

On ne connaît en effet aucun composé dans lequel l'aluminium rentre pour un seul atome ; ce sont toujours deux atomes de ce corps qui interviennent dans les réactions.

De plus, l'isomorphisme des composés aluminiques et des composés ferriques ne laisse aucun doute sur la formule des sels d'aluminium dans lesquels rentre toujours le groupe Al^2.

Comme ce groupe Al^2 est hexatomique et comme deux atomes s'unissent en perdant chacun une atomicité, l'atome d'aluminium doit être tétratomique.

Les composés résultant de la combinaison de l'aluminium avec les radicaux monoatomiques répondent en effet à la formule générale

$$Al^2 R^6$$

que l'on peut mettre sous la forme plus expressive :

$$R - \overset{\displaystyle R}{\underset{\displaystyle R}{Al}} - \overset{\displaystyle R}{\underset{\displaystyle R}{Al}} - R$$

Les composés avec les radicaux diatomiques répondent à la formule générale

$$Al^2 R^3$$

Nous avons adopté dans le cours de ce travail, la notation en équivalents de préférence à la notation atomique.

Action de l'air. — L'action de l'air sec ou humide est absolument nulle sur l'aluminium; Sainte-Claire Deville a fait différentes expériences qui viennent prouver ce fait. Une lame d'aluminium polie fut exposée pendant l'hiver à l'action de l'air, de la pluie, etc.; elle n'a pas subi d'altération.

On peut fondre l'aluminium à l'air et le laisser très longtemps à la température de fusion sans que l'oxydation soit appréciable; il est vrai qu'il se forme à la surface du bain une très légère pellicule grisâtre riche en oxyde qui peut protéger le métal et empêcher l'oxydation du restant.

Action de l'eau. — Sainte-Claire Deville a également constaté que l'eau était sans action sur l'aluminium.

Première expérience. — Un fil d'aluminium très fin d'un poids de 149 milligrammes a été laissé pendant une demi-heure environ dans de l'eau bouillante. Au bout de ce temps, la surface était intacte et le poids n'avait pas varié.

Deuxième expérience. — Le même fil fut chauffé au

rouge dans un tube dans lequel passait un courant de vapeur d'eau. Au bout de plusieurs heures le fil fut trouvé intact et le poids identique au premier.

Dans toutes ces expériences on a employé de l'aluminium aussi pur que possible ; dès que le métal devient impur, sa résistance à l'air et à l'eau diminue et son oxydation dans ce cas est relativement assez rapide.

Hydrogène sulfuré. — Ce gaz est sans action sur l'aluminium ; on peut même évaporer du sulfhydrate d'ammoniaque sur une plaque d'aluminium sans que le métal subisse d'altération.

Cette propriété est très précieuse, car tous les autres métaux, même les métaux nobles, s'attaquent assez rapidement.

On devrait utiliser cette propriété et employer l'aluminium pour les objets susceptibles d'être plus ou moins en contact avec le gaz sulfhydrique.

Soufre. — Le soufre lui-même est sans action sur l'aluminium. On peut faire passer un courant de vapeur de soufre sur l'aluminium chauffé au rouge sans que le métal soit attaqué. L'aluminium se combine cependant au soufre si on chauffe le métal à une température plus élevée, mais cette combinaison est instable, et nous verrons, en étudiant les divers procédés de fabrication de l'aluminium, que plusieurs d'entre eux sont précisément basés sur l'instabilité du sulfure d'aluminium.

Acide sulfurique. — L'acide sulfurique n'attaque pas sensiblement l'aluminium pur et, ce qui semble éloigner l'aluminium des métaux communs, c'est que, si on met en contact dans une dissolution sulfurique une lame d'aluminium avec une lame d'un autre métal, l'attaque ne se fait pas mieux ; le contraire a lieu pour les autres métaux comme l'a observé M. de la Rive.

Acide azotique. — A froid, l'acide azotique étendu ou concentré est sans action sur l'aluminium pur. A la température de l'ébullition, l'attaque se produit avec une telle lenteur, que Sainte-Claire Deville avait dû renoncer à l'emploi de l'acide nitrique pour les analyses d'aluminium.

La résistance de l'aluminium à l'action de l'acide azotique à froid, nous paraît susceptible de certaines applications pour la manipulation et même pour le transport de l'acide azotique.

Acide chlorhydrique. — L'aluminium attaque énergiquement l'acide chlorhydrique faible ou concentré, et cette attaque a lieu avec un fort dégagement de chaleur.

Plus l'aluminium est impur et plus l'attaque est rapide.

Il se produit généralement une odeur désagréable due à du siliciure d'hydrogène qui se dégage, et il reste une matière noire insoluble qui est du silicium graphitoïde.

Nous avons remarqué que le dégagement d'hydrogène silicié était presque nul lorsqu'on attaquait un métal riche en silicium, mais exempt de fer, tandis qu'il était très abondant avec un métal renfermant du silicium et du fer, et nous croyons pouvoir expliquer ce fait ainsi. Dans l'aluminium siliceux exempt de fer, tout le silicium se trouve libre et dissous dans la masse, tandis que, si l'aluminium siliceux renferme du fer ou un autre métal, une partie du silicium se trouve combinée au fer sous forme de siliciure de fer.

Des essais effectués au laboratoire de M. E. Le Verrier (Conservatoire des arts et métiers), nous ont, en effet, permis d'établir que, si l'on attaque par l'acide chlorhydrique de l'aluminium siliceux très pauvre en fer, on n'obtient qu'un dégagement insignifiant d'hydrogène silicié, et que, si l'on évapore à sec la dissolution acide préalablement filtrée, on ne trouve qu'une quantité très faible de silice ; tandis que, si l'on traite de la même façon un aluminium siliceux renfermant seulement 2 pour 100 de fer, on constate une forte odeur et un résidu de silice assez important.

Acides organiques. — L'acide acétique et l'acide tartrique n'ont pas d'action sensible sur l'aluminium.

Sainte-Claire Deville a constaté que l'acide acétique agissait assez rapidement en présence du sel marin, et il explique ce fait, en disant que « l'acide acétique déplace une portion de l'acide chlorhydrique et le rend presque libre ». Cependant, même dans ces conditions, l'attaque est très faible.

Action des alcalis. Ammoniaque. — L'ammoniaque en dissolution et le gaz ammoniac attaquent très faiblement l'aluminium avec production d'un peu d'alumine dont une partie se dissout dans l'excès d'ammoniaque.

Potasse et soude. — Ces alcalis attaquent très énergiquement l'aluminium, il se produit un dégagement d'hydrogène et il se forme un aluminate, mais cette décomposition n'a lieu qu'autant que les alcalis sont en dissolution. L'aluminium, en effet, n'est pas attaqué par les alcalis fondus.

D'après Mallet, le métal pur résiste mieux à l'action des alcalis.

L'eau de chaux attaque également l'aluminium, mais l'aluminate formé est insoluble dans l'eau.

Carbonates alcalins. — Chauffé au rouge, avec un carbonate alcalin, l'aluminium s'oxyde aux dépens de l'acide carbonique et il se forme de l'aluminate alcalin.

Sel marin. — L'action d'une dissolution de sel marin est presque nulle sur l'aluminium pur.

M. Le Verrier, dans le courant de l'année 1891, a fait exposer au bord de la mer des échantillons d'aluminium de compositions différentes. Il résulte de ses observations que le métal pur s'attaque peu, mais que l'attaque est sensiblement plus rapide si l'aluminium renferme une proportion un peu importante de silicium et de fer.

Sels métalliques. — « L'action d'un sel quelconque sur l'aluminium, dit Sainte-Claire Deville, peut se déduire facilement de l'action des acides sur le métal. On peut donc prévoir que, dans les sulfates et surtout dans les nitrates acides, l'aluminium ne précipitera aucun métal de ses dissolutions, pas même l'argent, ce qui a été observé par M. Wöhler, tandis que les dissolutions chlorhydriques des mêmes métaux seront précipitées par l'aluminium comme l'ont fait voir MM. Tissier.

« De même dans les dissolutions alcalines, l'argent, le plomb et les métaux plus élevés dans la classification des corps simples seront également précipités. »

Les essais que nous avons faits au laboratoire de métallurgie du Conservatoire des arts et métiers ne nous ont pas donné des résultats semblables.

Nous avons employé un métal provenant de l'usine de Froges et contenant 99 pour 100 d'aluminium. Ce métal précipitait le cuivre de ses dissolutions sulfurique et nitrique ; la précipitation est longue, il est vrai, mais elle se fait très bien.

Action du nitre. — On peut fondre l'aluminium en présence du nitre, à la condition de ne pas opérer

dans des creusets siliceux dont la silice se dissou-
drait en partie dans le nitre et en ayant soin de ne
pas chauffer à une température trop élevée, de façon
à ne pas décomposer le nitre. Si cette décomposition
avait lieu, il se produirait de la potasse qui attaquerait le métal.

Sainte-Claire-Deville employait le nitre à la purification de l'aluminium. Il opérait dans un creuset en
fonte bien oxydé lui-même par le nitre. Les métaux
étrangers sont oxydés et passent dans la scorie.

Il peut paraître étrange que l'on puisse éliminer
ainsi les oxydes métalliques, alors que ces mêmes
oxydes peuvent être réduits par l'aluminium. Voici
la raison qu'en donne Sainte-Claire Deville.

« L'aluminium à une basse température se conduit
comme un métal susceptible de donner une base très
faible ; par conséquent, sa résistance aux acides,
l'acide chlorhydrique excepté, est très grande, il se
conduit avec les alcalis comme un métal susceptible
de donner un acide assez énergique : aussi l'aluminium est attaqué par la potasse et la soude dissoutes
dans l'eau. Cependant cette affinité est encore insuffisante pour déterminer la décomposition de l'eau par
l'aluminium dans la potasse monohydratée fondue.
A plus forte raison, ne décomposera-t-il pas les pro-
toxydes métalliques à la température du rouge vif.

« Mais, par une exception étrange et qui n'appartient qu'à l'aluminium, dès que la température s'élève

au delà du rouge vif, les affinités sont brusquement interverties ; l'aluminium prend toutes les propriétés du silicium, il décompose alors les oxydes métalliques avec production d'aluminates. »

Silicates et borates. — L'aluminium décompose les borates et les silicates alcalins, en mettant en liberté du bore et du silicium graphitoïdes qui restent dans l'aluminium ; aussi faut-il éviter avec beaucoup de soin la présence de ces corps lorsqu'on fond de l'aluminium en présence de fondants.

Oxydes métalliques. — MM. Tissier frères ont fait une série d'expériences sur l'action de l'aluminium sur les oxydes métalliques.

Avec le bioxyde de manganèse, ils n'obtinrent pas de réduction.

En chauffant au blanc 1 équivalent d'oxyde de fer et 3 d'aluminium, il se produisit une combinaison qui donna lieu à une détonation. MM. Tissier recueillirent le bouton métallique qui renfermait :

$$69{,}3. \quad . \quad . \quad . \quad . \quad . \quad . \quad . \quad \text{Fer}$$
$$30{,}7. \quad . \quad . \quad . \quad . \quad . \quad . \quad . \quad \text{Aluminium}$$

L'oxyde de cuivre est également réduit au rouge blanc.

Avec la litharge, la réduction a lieu à la température de fusion de la litharge et la réaction est si violente que, quand nous avons fait cet essai au Conservatoire des arts et métiers, l'explosion a été suffisante pour projeter hors du creuset la matière en fusion et soulever le couvercle d'un petit four à gaz du système Perrot.

M. Boussingault, essayeur des Monnaies de France, nous a dit avoir eu un accident analogue ; Sir W. Richards de Lehigh signale également ce résultat dans son ouvrage sur l'aluminium [1].

COMPOSÉS DE L'ALUMINIUM ET SELS D'ALUMINIUM

Nous croyons devoir dire quelques mots des composés de l'aluminium, en laissant de côté la description des procédés industriels employés pour la fabrication des composés qui servent à la préparation de l'aluminium dont nous parlerons plus loin en détail.

Oxyde d'aluminium ou alumine.

$$Al^2 O^3$$

Préparation. — Si on traite un sel soluble d'alumine par l'ammoniaque, on obtient un précipité gélatineux qui, desséché à l'air, a pour composition $Al^2O^3,3HO$.

On peut également préparer l'alumine, en faisant passer un courant d'acide carbonique dans une disso-

---

[1] Richards, *Aluminium, its history*, *etc.*, chez Sampson Low et C°.

lution d'aluminate de soude et, dans ce cas, on obtient une alumine plus dense et exempte de fer.

Les réactions ont lieu dans ce sens.

$$Al^2O^3,3SO^3 + 4HO + 3AzH^3 = 3AzH^4OSO^3 + Al^2O^3,3HO$$

et

$$Al^2O^3,3NaO + 3CO^2 = 3NaO,CO^2 + Al^2O^3$$

L'alumine anhydre s'obtient par la calcination des hydrates ou par la calcination de l'alun d'ammoniaque pur.

Propriétés. — L'alumine pure est blanche, exempte d'odeur et de saveur. Elle est fusible à la flamme du chalumeau à gaz oxhydrique et dans les fours électriques.

L'alumine calcinée est susceptible d'absorber une certaine quantité d'eau, si la calcination n'a pas été jusqu'au rouge sombre.

Cette propriété d'absorber l'eau explique pourquoi l'argile a une influence heureuse sur les terres ; elle leur permet de rester à un certain degré d'humidité propre à la végétation.

L'alumine, à l'état d'hydrate, a une grande affinité pour les matières organiques. Aussi a-t-on mis à profit cette affinité pour la fabrication des laques. Les laques sont des composés insolubles d'alumine et de matières colorantes.

L'hydrate d'alumine se dissout facilement dans les

acides ; mais, lorsque l'alumine a été calcinée, elle ne s'attaque que très difficilement. Le meilleur dissolvant est alors l'acide sulfurique étendu de la moitié de son volume d'eau.

Pean de Saint-Gilles a remarqué qu'en faisant bouillir pendant très longtemps de l'hydrate d'alumine, cet hydrate perdait 1 équivalent d'eau et répondait à la formule $Al^2O^3, 2HO$, et que, de plus, cet hydrate devenait insoluble dans les dissolutions acides et alcalines.

M. Graham a obtenu de l'alumine soluble dans l'eau dans la dialyse du chlorure d'aluminium tenant en dissolution un excès d'alumine.

L'alumine existe dans la nature, sous une forme particulièrement pure, le corindon ; souvent elle est colorée par des oxydes métalliques et fournit alors un certain nombre de pierres précieuses, telles que le rubis, la topaze, l'améthyste, etc.

MM. Sainte-Claire Deville et Caron ont reproduit le corindon par synthèse.

Aluminates.

L'alumine est susceptible de jouer le rôle d'acide et de se combiner avec les alcalis pour donner des aluminates.

Pour préparer les aluminates, il suffit de chauffer de l'alumine avec l'alcali et de laisser ce mélange en fusion tranquille pendant quelques instants ; les aluminates alcalins sont solubles dans l'eau.

Comme nous le verrons plus loin, la fabrication de l'aluminate de soude a une grande importance industrielle, puisqu'elle sert à préparer l'alumine artificielle employée par les producteurs d'aluminium.

L'alumine peut aussi former des aluminates avec d'autres oxydes métalliques ; nous ne nous attarderons pas sur ces composés qui ont été peu étudiés.

Chlorure d'aluminium.

Ce corps se prépare par voie sèche, en faisant arriver un courant de chlore sur un mélange d'alumine et de charbon chauffé au rouge.

$$2Al^2O^3 + 6C + 6Cl = 3C^2O^2 + 2Al^2Cl^3$$

Le chlorure ainsi obtenu fond vers 200 degrés et se volatilise rapidement. Sa densité de vapeur est 9,35 et correspond à deux volumes (Deville et Troost). Il est déliquescent et répand dans l'air d'épaisses fumées qui rendent son maniement pénible.

On ne peut pas préparer le chlorure, en attaquant l'alumine par l'acide chlorhydrique, parce que, si l'on évapore à sec le chlorure hydraté, ce chlorure se dissocie en alumine et acide chlorhydrique.

La dissolution de chlorure d'aluminium est employée pour l'épaillage des laines.

Chlorures doubles.

Le chlorure d'aluminium se combine avec les chlorures alcalins pour donner des chlorures doubles qui correspondent à la formule générale $MCl + Al^2Cl^3$. Leur préparation est identique à celle du chlorure d'aluminium; il suffit d'ajouter du chlorure alcalin au mélange d'alumine et de charbon.

Bromure d'aluminium.

On le prépare en faisant arriver un courant de brome sur de l'aluminium fondu. On obtient par le même procédé l'iodure d'aluminium.

Fluorure d'aluminium.

M. Deville l'a préparé en traitant l'alumine calcinée par un excès d'acide fluorhydrique. Ce composé a une grande importance dans les procédés électrométallurgiques de fabrication de l'aluminium.

Sulfate d'aluminium.
$$2\,(Al^2O^3,3S^2O^6 + 16H^2O^2)$$

Le sulfate d'aluminium existe dans la nature. On le prépare de différentes façons en attaquant par l'acide sulfurique les minéraux riches en alumine, tels que les kaolins et les bauxites. Dans ces conditions, il se forme du sulfate d'aluminium et la silice reste insoluble.

$$4Al^2O^3 3Si^2O^4 + 6S^2O^6 2HO = 2(2Al^2O^3 3S^2O^6)$$
$$+ 6H^2O^2 + 3Si^2O^4$$

Propriétés. — Le sulfate d'alumine cristallise avec 48 pour 100 d'eau environ. Soumis à l'influence de la chaleur, il perd d'abord son eau de cristallisation, puis il se décompose en acide sulfurique et en alumine.

La fabrication du sulfate d'alumine a une grande importance ; il sert à préparer l'alumine destinée à la métallurgie de l'aluminium.

Il est également employé pour l'encollage des papiers et pour la fabrication des laques.

ALUNS

Les aluns constituent un groupe de composés chimiques très importants dont le type est l'alun ordinaire ou alun de potasse.

Alun ordinaire.

$$2KO,S^2O^6 + 2Al^2O^3 3S^2O^6 + 24H^2O^2$$

Il se rencontre parfois dans le voisinage des volcans ; sa formation est due probablement à l'action de l'acide sulfurique sur les laves qui contiennent de la potasse et de l'alumine.

Sa préparation se ramène à celle du sulfate d'alumine auquel on ajoute du sulfate de potasse en proportion convenable.

En Picardie, on utilise les schistes alumineux qui renferment de la pyrite très divisée. Ces schistes exposés à l'air humide absorbent peu à peu l'oxygène ; il se forme du sulfate de fer avec un excès d'acide sulfurique.

$$2FeS^2 + 14O + 2HO = 2FeOS^2O^6 + S^2O^6,2HO$$

L'acide sulfurique attaque l'alumine des schistes et le sulfate de fer passe à l'état de sulfate de sesquioxyde. En présence de l'alumine, il se forme un sous-sulfate de sesquioxyde insoluble et du sulfate d'alumine.

Lorsque la dissolution de sulfate d'alumine est suffisamment concentrée, on ajoute le sulfate de potasse et on purifie les cristaux par lavages et par une seconde cristallisation.

L'alun est incolore; sa saveur est astringente. Sa solubilité varie beaucoup avec la température. 100 grammes d'eau dissolvent.

$$9^{gr},22, à \quad . \quad . \quad . \quad . \quad . \quad . \quad . \quad . \quad 10°$$
$$357 \quad \quad . \quad . \quad . \quad . \quad . \quad . \quad . \quad 100$$

L'alun cristallise en octaèdres réguliers lorsque

la dissolution est acide; il cristallise en cubes lorsqu'il y a un excès d'alumine. L'alun fond dans son eau de cristallisation vers 92 degrés; si l'on continue à chauffer, il perd cette eau et devient anhydre. Si on chauffe l'alun ainsi calciné à une très haute température, il se décompose ; de l'acide sulfureux et de l'oxygène se dégagent et il reste du sulfate de potasse et de l'alumine.

L'alun est surtout employé en teinture et pour la fabrication des laques. Il est même pour cette fabrication préféré au sulfate d'alumine qui est toujours acide.

Il sert également à fabriquer l'acétate d'alumine très employé en teinture comme mordant.

La médecine utilise également les propriété astringentes de l'alun.

Caractères analytiques des sels d'alumine. — Les acides sulfhydrique, hydrofluosilicique, perchlorique ne donnent pas de précipité. Le sulfhydrate d'ammoniaque donne un précipité d'hydrate soluble dans la potasse.

La potasse donne un volumineux précipité blanc d'hydrate, soluble dans un excès de réactif et se séparant complètement si l'on ajoute un excès d'un sel ammoniacal.

L'ammoniaque donne un volumineux précipité d'hydrate insoluble dans un excès de réactif.

Les carbonates alcalins donnent un précipité

d'hydrate presque insoluble dans un excès de réactif.

Le carbonate de baryte précipite l'alumine complètement à froid.

Le phosphate de soude donne un précipité de phosphate soluble dans les acides et dans les alcalis.

Le sulfate de potasse donne, dans les dissolutions concentrées, un dépôt d'alun cristallisé.

CHAPITRE IV

MINERAIS ET FABRICATION DES PRODUITS ALUMINIQUES

On peut dire que l'aluminium est le plus répandu de tous les métaux, puisqu'on le retrouve dans les argiles, dans les roches filespathiques, les gneiss, les porphyres, etc., etc. Certaines de ses combinaisons chimiques constituent même des pierres précieuses telles que :

Le Rubis . . . . Al^2O^3
Le Saphyr . . . . . . Al^2O^3
La Turquoise . . . . . $H^{10}Al^4P^2O^6$
La Lazulite . . . . . . $H^6(Mg,Fe,Ca)^3Al^6P^2O^{30}$
La Topaze . . . · . . $Al^2Si(OFl^2)^5$

I. **Minerais.**

Les minéraux les plus répandus sont :

La Bauxite.	$H^2Al^2O^6$
La Cryolithe	$Al^2Fl^6,6NaFl$
Le Corindon	Al^2O^3
Les Argiles	

De ces quatre minerais, les deux premiers seuls ont une importance industrielle. Le corindon en effet, dont l'emploi a donné de bons résultats en Amérique, est trop rare pour qu'en puisse le considérer comme un véritable minerai d'aluminium.

Bauxite.

La bauxite constitue le plus important des minerais de l'aluminium. Elle a été découverte en France près de la commune de Baux. Des gisements considérables ont été découverts depuis, dans les départements du Var, des Bouches-du-Rhône, de l'Hérault, de l'Ariège.

Il existe quelques gisements de bauxite en Styrie et en Irlande, mais ils sont loin d'atteindre l'importance de nos riches gisements de la Provence.

La bauxite se trouve en poches dans les terrains crétacés ; elle paraît s'être déposée à une époque géologique comprise entre l'Urgonien et le Cénomanien.

Les bauxites sont souvent très impures, elles renferment toujours du fer et de la silice en quantité plus ou moins grande.

On peut classer les bauxites suivant leur couleur : les bauxites blanches, pauvres en peroxyde de fer, mais riches en silice, et les bauxites rouges, riches en peroxyde de fer, mais pauvres en silice.

Les analyses suivantes donneront une idée de la composition variable des bauxites.

PROVENANCE	Al^2O^3	Fe^2O^3	SiO^2	K^2O et Ha^2O	H^2O	COULEUR
Baux (Deville) . . .	60,00	25,00	3,00	»	12,00	
— — . . .	75,00	12,00	1,00	»	12,00	
Wochein (Drechsler) .	63,16	23,55	4,15	0,79	8,34	rouge foncé
— —	72,87	13,49	4,25	0,78	8,50	rouge clair
Feisstritz (Schnitzer) .	44,40	30,30	15,60	»	9,70	rouge brun
— —	54,10	10,40	12,00	»	29,90	jaune
— —	64,60	2,00	7,50	»	24,70	blanche
Wochein (L. Mayer et O. Wagner) . . .	29,80	3,67	44,76	»	13,86	blanche
Bauxite d'Islande . .	48,12	2,36	7,95	»	40,33	—
— — (Spruce)	43,44	2,11	15,05	»	35,70	—
— — (F. Hod.)	61,89	1,96	6,01	»	27,82	—
Bauxite de Hadamar (Hesse) (Retzlaff). .	45,76	18,96	6,41	0,38	27,61	rouge
— —	55,61	7,17	4,11	»	32,33	jaune
Bauxites du Var analysées au laboratoire de metallurgie du Conservatoire des arts et métiers.	67,15	0,35	16,80	»	15,75	rose
	73,74	1,66	9,20	»	15,55	rose
	69,70	14,30	2,50	»	12,60	rouge
	64,40	16,30	3,80	»	14,60	rouge

L'extraction de la bauxite est peu coûteuse. Il faut un triage soigné pour séparer les parties riches. Par le triage, on peut arriver à obtenir des bauxites à 4 pour 100 de peroxyde de fer et 15 pour 100 de silice. Le prix des bauxites à 60-70 pour 100 d'alumine est d'environ 10 à 15 francs la tonne.

Cryolithe.

La cryolithe ou fluorure double d'aluminium et de sodium a été découverte sur la côte ouest du Groënland où elle forme de puissants filons dans les gneiss. Ce n'est qu'en 1855 que ce minerai commença à être exploité et expédié à Copenhague où il fut vendu sous le nom de *soude minérale.*

La cryolithe est blanche, parfois jaune ou noirâtre avec un éclat vitreux. Elle est fusible à la flamme d'une bougie; son poids spécifique est de 3 environ. Sa teneur en aluminium est d'environ 12 à 13 pour 100 ; les impuretés qu'elle peut contenir sont, comme pour la bauxite, de la silice et du fer.

Ce minerai est cher à cause des frais de transport. Il revient à 50 centimes le kilogramme en Angleterre et à plus d'un franc en France ; aussi, remplace-t-on souvent aujourd'hui la cryolithe par du fluorure artificiel.

II. **Fabrication de l'alumine et des sels d'aluminium**.

On ne peut malheureusement, dans l'état actuel de la métallurgie de l'aluminium, extraire le métal des bauxites naturelles.

Si on se reporte aux analyses de bauxites que nous avons données page 60, on voit que l'oxyde de fer et la silice s'y trouvent en quantités souvent très grandes. Or, nous avons vu, en étudiant les propriétés chimiques de l'aluminium, que ce métal réduit la silice et les oxydes métalliques et que, de plus, la présence en quantité un peu considérable du fer et du silicium rendent le métal de mauvaise qualité. Il faut donc, si l'on veut obtenir du métal pur, n'employer que des produits purs.

Cette nécessité d'épuration des matières premières est la principale cause du prix de revient relativement élevé de l'aluminium. En effet, nous avons vu que les bauxites à 60 pour 100 environ d'alumine se vendaient environ 10 francs la tonne, tandis que l'alumine artificielle extraite de la bauxite par les alcalis coûte de 50 centimes à 1 franc le kilogramme, suivant les localités et le degré de pureté du produit.

Jusqu'au jour où on trouvera un moyen d'affinage de l'aluminium qui permettra d'éliminer le fer et le silicium on sera donc obligé de fabriquer de l'alumine et des sels d'aluminium purs.

Traitement à la soude. — C'est le procédé le plus employé. La bauxite est calcinée avec la moitié de son poids de carbonate de soude. On pousse la température au rouge vif, l'alumine est attaquée et donne de l'aluminate de soude. La masse pâteuse est reprise par l'eau; l'aluminate de soude se dissout, tandis que l'oxyde de fer reste insoluble ainsi que la silice qui est à l'état de silico-aluminate. Le liquide séparé par décantation ou filtration des matières insolubles est soumis à l'action d'un courant d'acide carbonique qui déplace l'alumine et régénère du carbonate de soude.

On voit de suite qu'il faut autant que possible employer des bauxites pauvres en silice, sous peine de perdre de la soude et de l'alumine. De plus, pour dissoudre l'alumine, on est souvent obligé d'ajouter un excès de soude, et, en pratique, on emploie un poids de carbonate de soude égal à celui de la bauxite traitée.

Un autre inconvénient de ce procédé est la formation d'un peu de ferrate qui passe dans le liquide; l'oxyde de fer sera précipité avec l'alumine. De plus il se perd de l'alumine non dissoute pendant le lessivage et cette perte peut être parfois considérable.

Traitement au sulfate et charbon. — On a cherché à remplacer le carbonate de soude par un mélange de sulfate de soude et de charbon, et le procédé Laur est basé sur cette réaction.

Procédé Laur. — Pour que les séparations soient bien nettes, il faut, d'après M. Le Verrier :

1° Un dosage exact des corps qui interviennent dans la réaction ;

2° L'addition d'une certaine quantité de carbonate de soude libre;

3° Un lessivage rapide et chaud.

M. Laur trouve avantage à employer des bauxites riches en peroxyde de fer parce que la décomposition du sulfate de soude a lieu sous l'action combinée du fer réduit et du charbon. Il faut environ deux équivalents de sulfate de soude pour un équivalent de peroxyde de fer.

Le fer passe à l'état de sulfure, et la soude se combine à l'alumine pour donner de l'aluminiate de soude. Il faut trois équivalents d'alumine pour un équivalent de sulfate de soude.

L'aluminate de soude ainsi formé n'est stable et soluble qu'en présence d'un excès d'alcali, et cet excès d'alcali est également nécessaire pour rendre le sulfure de fer insoluble. Pour une bauxite contenant de 20 à 25 pour 100 de peroxyde de fer et 60 pour 100 d'alumine, il faudra environ 66 pour 100 de sulfate de soude et 16 de carbonate.

L'opération peut se diviser en trois phases : la calcination, le lessivage et la précipitation de l'alumine.

1° *Calcination.* — La bauxite est mélangée en pro -
portion convenable avec du sulfate de soude et du
charbon. Le mélange est ensuite arrosé avec une
lessive de soude, puis desséché. Après dessiccation,
on le porte au rouge dans un four à réverbère dont
le sole est en bauxite damée.

2° *Lessivage.* — Le lessivage se fait à chaud et
sous pression, afin de mieux dissoudre l'aluminate et
d'obtenir des liqueurs concentrées.

L'opération se fait dans un cylindre autoclave mû
par un mouvement de rotation. Ce cylindre contient
des balles métalliques destinées à broyer les matières ;
la vapeur y est injectée sous une pression de cinq
ou six atmosphères, et la température est de 150
degrés.

Lorsque la trituration est suffisante, on arrête le
cylindre, et, grâce à la pression de la vapeur, on
refoule, par un orifice garni de toile métallique, le
liquide dans les bacs à carbonatation. On lave à l'eau
pure le précipité qui reste dans le cylindre, et on
utilises la lessive faible dans le lessivage suivant.

Les résidus de sulfure de fer pourront être grillés
ou utilisé à la fabrication du sulfate de fer.

3° *Précipitation.* — La dissolution concentrée
d'aluminiate est soumise à la carbonatation ; elle
passe dans une série de bacs fermés disposés en
cascade dans lesquels circule en sens inverse un
courant d'acide carbonique.

Le précipité d'alumine est alors recueilli et desséché après un essorage préalable.

L'alumine obtenue par ce procédé est très pure. Son prix est d'environ 28 francs pour une teneur de 60 pour 100 d'alumine anhydre.

M. Boeyer a trouvé une réaction qui permettrait de précipiter l'alumine sans passer par la carbonatation.

Une dissolution d'aluminate agitée avec de l'alumine hydratée récemment précipitée laisse déposer au bout d'un temps assez long presque toute son alumine; il ne reste plus en dissolution qu'un équivalent d'alumine pour six de soude.

Les eaux mères contiennent la soude à l'état d'hydrate et pourraient servir à attaquer de nouvelles quantités de bauxites. D'après Sainte-Claire Deville une dissolution concentrée de soude caustique attaquerait l'argile à l'ébullition.

Traitement des aluns. — Sainte-Claire Deville employait l'alun d'ammoniaque qu'il calcinait dans un four à reverbère. L'acide sulfurique et l'ammoniaque partent à une température assez élevée; il faut, pour arriver à ce résultat, rapprocher graduellement la matière de l'autel du four. Par ce procédé, on obtient de l'alumine assez pure, mais l'alun ammoniacal est coûteux et le prix de l'alumine obtenue devient élevé.

Webster a appliqué en Angleterre un procédé

qui consiste à extraire l'alumine de l'alun ordinaire par calcination.

Trois parties d'alun sont mélangées avec une partie de poix, puis chauffées à une température de 200 à à 250 degrés, de façon à perdre environ 40 pour 100 d'eau.

Dans cette opération, la majeure partie du fer a dû passer à l'état de sulfure. La matière est alors défournée, puis concassée et, enfin, lessivée avec de l'acide chlorhydrique étendu qui dissout les sulfures formés.

Le résidu mélangé de charbon en poudre est aggloméré sous forme de briquettes d'une livre environ. Ces briquettes sont séchées à faible température, on les soumet ensuite à la température du rouge vif, dans une cornue où arrive un courant d'air et de vapeur d'eau (1 volume d'air pour 2 volumes de vapeur), qui a pour but de faciliter la décomposition complète du sulfate d'alumine et l'entraînement des gaz sulfureux. L'opération dure environ trois heures. Le résidu est alors pulvérisé et lessivé à l'eau chaude qui dissout le sulfate de soude et laisse comme résidu insoluble une masse qui contient environ 84 pour 100 d'alumine pure.

Sulfate d'alumine.

Le sulfate d'alumine se prépare en attaquant les bauxites peu ferrugineuses par l'acide sulfurique à

50 degrés Beaumé. La silice qui est insoluble est facile séparer par décantation et, à ce point de vue, les procédés ayant pour but la fabrication de l'alumine par le sulfate offrent cet avantage de donner un produit qui, si la fabrication est soignée, peut être exempt de silice. Malheureusement, le sulfate d'alumine ainsi préparé renferme toujours du fer. Divers procédés ont été mis en œuvre pour séparer l'oxyde de fer; on a proposé entre autres le prussiate de potasse, mais il faut pour que ce réactif ne soit pas trop coûteux, que le sulfate produit contienne peu de fer.

Un autre procédé est basé sur le déplacement du peroxyde de fer par l'alumine gélatineuse récemment préparée, il faut que la solution soit neutre. Cette réaction est lente et le précipité difficile à laver.

M. Le Verrier préconise l'emploi du sulfate d'alumine pour la fabrication de l'alumine. En effet, l'attaque des bauxites par l'acide sulfurique est le meilleur moyen de séparer la silice, elle ne paraît pas plus coûteuse que l'emploi des sels de soude. On obtiendrait l'alumine en calcinant le sulfate et l'acide sulfureux dégagé dans cette calcination pourrait être utilisé pour fabriquer de nouveau du sulfate d'alumine par le procédé suivi à Ampsin qui consiste à faire dégager les gaz sulfureux provenant du grillage de la blende dans des masses de schistes alumineux. On lessive de temps en temps et on recueille le sulfate d'alumine.

Chlorure d'aluminium.

Procédé Sainte-Claire Deville. — Le procédé de fabrication de ce sel est dû à Sainte-Claire Deville; il consiste à faire passer un courant de chlore sur un mélange d'alumine et de charbon, chauffé à une température assez élevée.

L'alumine obtenue par l'un des procédés dont nous avons parlé est malaxée avec du goudron de houille. La pâte, bien mélangée, est introduite dans des pots analogues à ceux qui sont employés dans la fabrication du noir animal; ces pots sont chauffés dans un four à reverbère. Lorsque le dégagement des fumées de goudron a cessé, on défourne les pots et on emploie de suite, autant que possible, le charbon alumineux qu'on y trouve.

Ce charbon est dur, cassant et poreux. Il peut renfermer, comme impuretés, du soufre, de l'acide sulfurique, etc., impuretés qui proviennent surtout de l'alumine.

On charge ce charbon dans le four à chloruration (fig. 3), qui se compose d'une cornue verticale. Les flammes produites dans le foyer F viennent rencontrer l'autel P et circulent autour de la cornue au moyen d'un colimaçon K. A sa partie inférieure, la cornue est munie d'une ouverture X que l'on ferme au moyen d'une brique et d'une vis de pression V. Un tube de porcelaine traverse les parois du fourneau et vient déboucher dans la cornue en O, où il apporte le chlore jusqu'au centre de l'appareil.

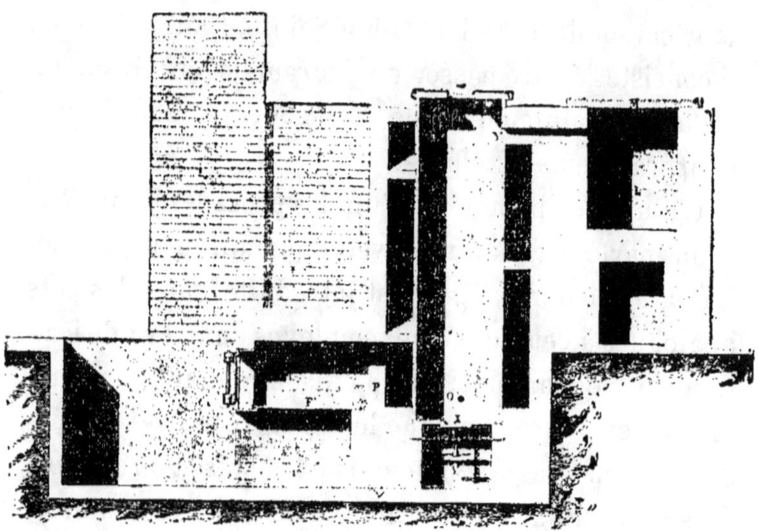

Fig. 3. — Four pour la fabrication du chlorure d'aluminium.

La cornue est fermée à sa partie supérieure par une plaque Z en terre réfractaire, au centre de laquelle se trouve ménagée une ouverture W, qui sert au chargement des matières.

Environ à 30 centimètres au-dessus de la plaque Z Z se trouve une ouverture *y* destinée à conduire les vapeurs dans la chambre de condensation L.

Si l'opération marche bien, on doit trouver presque

tout le chlorure d'aluminium attaché à la plaque M qui sert de fermeture à la chambre de conden-sation.

Purification. — Le chlorure d'aluminium ainsi obtenu est souvent impur, soit que les impuretés proviennent des matières premières, soit qu'elles proviennent des vases qui ont servi aux opérations.

Pour purifier le chlorure, on le chauffe dans un vase en terre ou en fonte avec une assez grande quantité de tournure de fer. Lorsque l'acide chlorhy-drique, l'hydrogène et les gaz permanents sont sortis de l'appareil, on le ferme et on continue de chauffer. Il se produit alors une légère pression sous l'influence de laquelle le chlorure d'aluminium fond et entre en contact intime avec le fer. Le perchlorure de fer volatil se transforme en protochlorure plus fixe, et le chlorure d'aluminium qui distille vient cristalliser dans le vase lui-même.

Afin d'avoir un produit absolument pure, Sainte-Claire Deville conseillait en outre de distiller de nouveau ce chlorure purifié dans un courant d'hy-drogène.

Propriétés. — Le produit pur se présente en masse cristalline, transparente et incolore ; il a sou-vent une couleur ambrée due à la présence d'un peu de sesquichlorure de fer. Il fond à 200 degrés et se volatilise rapidement. Il est déliquescent. Exposé à l'air, il répand des fumées épaisses et absorbe la vapeur d'eau, ce qui rend son maniement difficile. Sa formule chimique correspond à Al^2Cl^3. La préparation que nous avons étudiée plus haut en détail est représentée par l'équation.

$$2Al^2O^3 + 6C + 6Cl = 3C^2O^2 + 2Al^2Cl^3$$

Chlorure double d'aluminium et de sodium.

Nous n'insisterons pas sur la fabrication industrielle de ce sel double, cette fabrication étant sensiblement la même que celle du chlorure d'aluminium.

On peut se servir du même four (fig. 3), dans la cornue duquel on charge un mélange d'alumine, de sel marin et de charbon. Le chlorure double distille et vient se condenser à l'état liquide dans la chambre L, où il se solidifie par refroidissement.

Propriétés. — Ce sel est moins altérable à l'air que le chlorure d'aluminium, aussi lui est-il souvent préféré pour la préparation de l'aluminium. Sa formule chimique correspond à $NaClAl^2Cl^3$. Sa préparation est représentée par l'équation.

$$2Al^2O^3 + 2NaCl + 6C + 6Cl = 2NaClAl^2Cl^3 + 3C^2O^2$$

L'usine de Salindres, qui en 1882 fabriquait encore le chlorure double par le procédé de Sainte-Claire Deville, se servait d'un four à peu près semblable à celui que nous avons décrit précédemment. Nous ne croyons pas avoir donner des détails sur cet appareil ; l'inspection de la figure 4 fera voir de suite les quelques modifications apportées à l'appareil primitif.

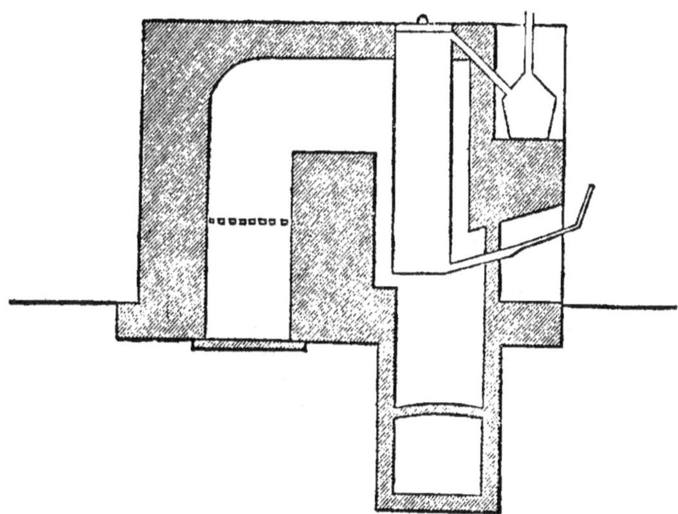

Fig. 4. — Four pour la fabrication du chlorure d'aluminium.

Procédé Faure. — Ce procédé a été décrit par M. Faure dans un travail présenté à l'Académie des sciences. Il a pour but de supprimer les inconvénients inhérents au procédé de fabrication de Sainte-Claire Deville. Sur l'alumine chauffée en masse, on fait arriver un courant d'acide chlorhydrique gazeux mélangé d'un hydrocarbure approprié ; M. Faure emploie la naphtaline qui, mélangée à l'acide chlorhydrique, donne au rouge un composé gazeux indécomposable par la chaleur seule. Ce composé gazeux attaque l'alumine au rouge blanc. Ce procédé permet d'obtenir le chlorure d'aluminium en grande quantité et à peu de frais.

Fluorure d'aluminium et fluorure double d'aluminium et de sodium.

La cryolithe est souvent trop chargée de matières étrangères pour pouvoir être employée à la fabrication de l'aluminium pur.

Procédé de Berzélius. — Berzélius décomposait l'hydrate d'alumine par une dissolution de fluorure de sodium et d'acide fluorhydrique ; il ajoutait l'alumine jusqu'à neutralisation de l'acide.

$$Al^2O^3,3HO + 3NaFl + 3HFl = Al^2Fl^3,3NaFl + 6HO$$

Procédé Derille. — On fait un mélange d'alumine calcinée et de carbonate de soude, en observant la proportion de ces bases dans la cryolithe naturelle et sur ce mélange on fait arriver un courant d'acide fluorhydrique.

$$Al^2O^3 + 3NaO,CO^2 + 6HFl = Al^2Fl^3,3NaFl + 3CO^2 + 3HO$$

La masse est ensuite fondue ; elle offre tous les caractères de la cryolithe naturelle.

Fluorure d'aluminium.

Procédé Deville. — Deville l'obtenait en traitant un mélange de cryolithe et de sulfate d'alumine :

$$Al^2Fl^33NaFl + Al^2O^3,3SO^3 = 2Al^2Fl^3 + 3NaO,SO^3$$

On séparait le sulfate de soude par un lavage à l'eau.

Emploi du spath fluor. — A une haute température, on fait arriver un courant d'acide chlorhydrique gazeux sur un mélange d'alumine et de spath fluor. La réaction a lieu dans ce sens :

$$Al^2O^3 + 3CaFl + 3HCl = Al^2Fl^3 + 3CaCl + 3HO$$

Une partie du chlorure de calcium produit se trouve volatilisé; le reste est enlevé par un épuisement à l'eau.

Procédé Graban. — M. Graban emploie le spath fluor et le sulfate d'alumine. On chauffe une dissolution de sulfate d'alumine avec du spath fluor en poudre aussi pur que possible. Il se forme dans ces conditions un fluosulfate d'alumine soluble et du sulfate de chaux.

$$Al^2O^3,3SO^3 + 2CaFl = Al^2Fl^2SO^4 + 2CaO,SO^3$$

Le sulfate de chaux est séparé par décantation.
Le liquide est ensuite concentré et additionné de

cryolithe en proportion telle que l'alcali de cette dernière doit être l'équivalent de l'acide sulfurique du liquide.

$$Al^2Fl^2SO^4 + Al^2Fl^33NaFl = 2Al^2Fl^3 + 3NaO,SO^3$$

Après lavage à l'eau, il reste du fluorure d'aluminium.

CHAPITRE V

MÉTALLURGIE DE L'ALUMINIUM

Si loin que l'on remonte dans l'antiquité, on
trouve que les hommes avaient déjà des notions de
métallurgie ; ils savaient extraire quelques-uns des
métaux dont le nombre, d'abord restreint pour eux,

4.

devait augmenter avec l'étendue de leurs connaissances.

Les métaux les plus anciennement connus sont naturellement ceux dont l'extraction offre le moins de difficulté ; l'or et l'argent que l'on rencontre à l'état natif ont été extraits les premiers. Le cuivre que l'on trouve parfois aussi à l'état natif a suivi de près les métaux précieux.

Cette première métallurgie était simple, puisqu'elle consistait à séparer mécaniquement la gangue du métal et à fondre celui-ci.

Ensuite vinrent les métaux qui existent à l'état d'oxydes facilement réductibles à une température peu élevée ; tels sont le cuivre et l'étain.

Le fer dut suivre de près le cuivre, lorsque les appareils employés permirent d'obtenir une température suffisante.

Enfin, les procédés métallurgiques se perfectionnant, on arriva à traiter des minerais complexes tels que les sulfures et les silicates.

I. Procédés métallurgiques.

La métallurgie telle qu'elle est pratiquée actuellement comprend quatre procédés principaux :

1° Lavages des minerais suivis de fusion ;

2° Action de la chaleur aidée de réducteurs et de fondants appropriés ;

3° Emploi de métaux réducteurs;

4° Traitement des minerais par voie humide ;

5° Traitement électrolytique.

I. Le premier procédé n'est applicable qu'aux métaux qui existent à l'état natif et dont la densité est très grande par rapport à celle des gangues qui les accompagnent.

II. Le second procédé consiste à former un mélange de minerai de charbon et de fondants, et à soumettre ce mélange à une température plus ou moins élevée suivant le métal que l'on veut extraire. Les fondants sont appropriés aux gangues des minerais, de façon à former des silicates fusibles.

Le sens des réactions est indiqué par les formules générales (1) et (2).

$$(1) \qquad MO + C = M + CO$$
$$(2) \qquad 2MO + C = 2M + CO^2$$

Ces réactions s'expliquent par un principe général de thermochimie connu sous le nom de *principe du travail maximum :*

« Tout changement chimique accompli sans l'intervention d'une énergie étrangère tend vers la production du corps ou du système de corps qui dégage le plus de chaleur. »

III. Le troisième procédé s'applique à des minerais autres que des minerais oxydés, principalement aux sulfures.

Si nous chauffons dans un creuset du sulfure d'antimoine en présence de fer métallique, nous aurons la réaction :

$$SbS^3 + 3Fe = 3FeS + Sb$$

Les métaux employés comme réducteurs sont surtout le fer, le mercure et les métaux alcalins.

IV. Ce procédé qui a beaucoup d'analogie avec le précédent consiste à obtenir la base métallique à l'état de sels solubles et à précipiter le métal par un autre métal réducteur ou par un composé susceptible de le déplacer à l'état de composé insoluble :

$$CuO,SO^3 + Fe = Cu + FeO,SO^3$$

ou

$$CuO,SO^3 + HS = CuS + SO^3HO$$

Cette méthode est surtout employée pour les minerais pauvres et pour les métaux précieux.

V. L'électricité a été appliquée depuis un certain nombre d'années à la production des métaux ou à leur affinage. Ce procédé est surtout appliqué à l'extraction du cuivre et des métaux précieux.

L'électrolyse est basée sur le principe suivant :

Si l'on soumet à l'action d'un courant électrique, de force électromotrice suffisante, un liquide décomposable, les éléments de ce liquide se séparent; les bases et l'hydrogène se portent au pôle négatif, tandis que les acides et l'oxygène se portent au pôle positif.

Si le courant traverse une dissolution saline, l'électrolyse est dite *électrolyse par dissolution;* si l'on opère sur un sel fondu, elle est dite *électrolyse par fusion ignée.*

Le procédé métallurgique le plus simple qui consiste à réduire les oxydes métalliques par le charbon n'est pas applicable à l'aluminium. Il peut paraître étrange que l'alumine ne soit pas réduite par le charbon, alors que la réduction des métaux alcalins se fait d'une façon relativement aisée. M. Le Verrier explique ce fait dans une étude sur l'aluminium, parue en 1892, dans les *Annales du Conservatoire des arts et métiers.*

« Il y a là, dit M. Le Verrier, une anomalie apparente aux lois générales de la chimie. Elle se rattache à un autre principe, celui de l'influence qu'exerce sur la marche des réactions la grandeur relative des masses en présence. On sait que, souvent, une réaction est limitée par la tendance que ses produits ont à s'engager dans la réaction inverse. Ainsi, un oxyde qui est réduit à une très haute température par le charbon donne un métal qui tend à se réoxyder au

contact des gaz obtenus et des scories. Si la réoxyda-
tion se fait aussi vite ou plus vite que la réduction, ce dernier effet ne se manifestera pas dans la
pratique et l'oxyde passera pour indécomposable; c'est
ce qui arrive pour l'alumine. Mais si le métal pouvait être soustrait immédiatement au milieu dans
lequel il est exposé à se réoxyder, cette réaction
inverse ne se produirait pas et la réduction devien-
drait définitive. C'est ce qui a lieu pour le sodium;
grâce à sa volatilité, ses vapeurs se séparent des
scories et peuvent être refroidies brusquement, de
manière qu'une faible partie seulement se réoxyde.

« Dans le récipient où se fait la réduction, il n'y a
que de la soude et un grand excès de charbon, le
sodium étant enlevé à mesure de sa production. Au
contraire, quand on cherche à réduire l'alumine,
l'aluminium, à supposer qu'il commence à s'en produire, reste dans l'appareil à haute température et
s'y réoxyde immédiatement [1]. »

*Application des procédés métallurgiques à
l'aluminium.* — La métallurgie de l'aluminium
utilise deux des procédés que nous avons indiqués.
Le premier, établi par Sainte-Claire Deville consiste
à déplacer, à l'aide d'un métal alcalin, l'aluminium
d'un sel d'aluminium fondu.

Le second procédé est fondé sur l'emploi de l'élec-

---

[1] Le Verrier, *Annales du Conservatoire des arts et métiers.*

tricité pour la séparation des métaux et comporte deux méthodes générales :

a) Celle qui consiste à réduire l'aluminium en présence du charbon et où l'électricité semble n'intervenir que comme source de chaleur ;

b) Celle où on électrolyse un sel d'aluminium fondu.

Les procédés qui se rattachent à la première de ces deux méthodes générales sont dits électro-thermiques et on donne aux autres le nom de procédés électrolytiques.

Nous avons vu que les procédés chimiques nécessitaient l'emploi d'un métal alcalin ; c'est le sodium qui est employé partout. Nous croyons devoir rappeler en quelques pages la métallurgie de ce métal qui a acquis une certaine importance par son application même à la métallurgie de l'aluminium.

II. **Fabrication du sodium.**

Davy, le premier, isola le sodium en 1808 ; il se servait de l'électricité.

Brunner établit une méthode appliquée surtout au potassium, cette méthode, fondée sur la réaction du carbonate de soude sur le charbon était difficile à appliquer à cause surtout de la disposition défectueuse du condenseur employé par Brunner.

Procédé Sainte-Claire Deville. — Le mélange dont se servait Sainte-Claire Deville était ainsi composé :

Carbonate de soude	717
Charbon de bois	175
Carbonate de chaux	108
	1000

On en faisait une pâte homogène avec de l'huile, et on calcinait dans une bouteille à mercure disposée pour cet usage. Le sodium venait se condenser dans un appareil spécial imaginé par MM. Donny et Mareska.

Le rôle du carbonate de chaux est important au point de vue du rendement en métal alcalin. En effet, le sodium est susceptible de décomposer l'oxyde de carbone, si la température n'est pas ou très basse ou très élevée, surtout si le sodium se trouve divisé et présente une grande surface à l'action destructive du gaz. Il faut donc, comme le dit Sainte-Claire Deville, que les vapeurs métalliques soient amenées très rapidement dans le condenseur pour se rassembler à l'état liquide et non en globules très petits. Un courant de gaz rapide, même d'oxyde de carbone, active la distillation et le condenseur se maintient chaud.

Dans les usines de la Glacière et de Nanterre,

Sainte-Claire Deville augmenta même encore la proportion de craie, il employait la formule :

Carbonate de soude . . .	40	kilogrammes.
Houille	18	—
Craie.	9	—
	67	kilogrammes.

Il obtenait en sodium le quart du poids de carbonate de soude employé.

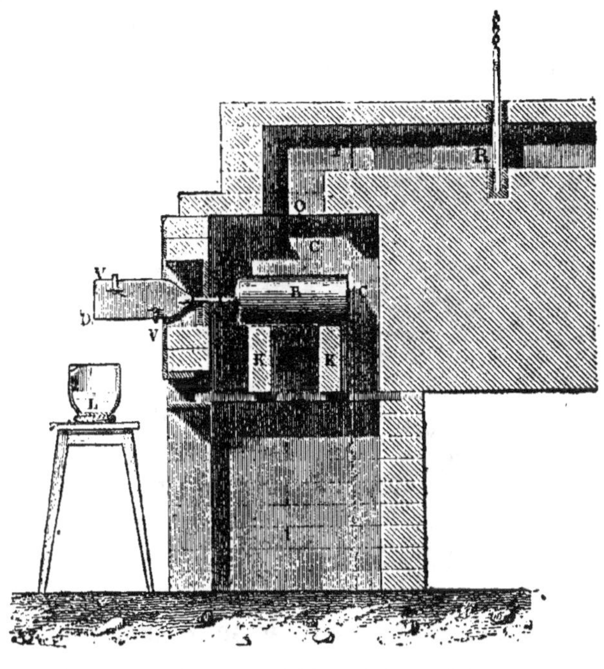

Fig. 5. — Four primitif de Sainte-Claire Deville.

L'appareil employé par Deville se compose de trois parties ; le four, la bouteille en fer et le condenseur (fig. 5).

Le four a une forme parallélipipédique. La bouteille en fer est soutenue par des briques.

Le canal F qui relie le fourneau à la cheminée doit être muni d'un registre R, et doit venir s'ouvrir en O, de façon que le centre de l'ouverture se trouve sur l'axe de la cuve C C. Le coke est chargé par deux ouvertures latérales O.

Le tube T en fer est fixé à la bouteille, soit à vis, soit à frottement, il doit avoir de 5 à 6 centimètres de longueur et faire saillie de 8 à 10 millimètres en dehors du fourneau (fig. 5).

Le récipient servant de condenseur a la forme indiquée par la figure 6. Il est formé de deux plaques

Fig. 6. — Récipient Mareska et Donny.

de tôle se recouvrant exactement et maintenues serrées l'une contre l'autre par deux vis de pression.

Pour fabriquer le sodium, on commence par chauffer la bouteille contenant le mélange sans y adapter le récipient. Des gaz colorés en jaune se dégagent abondamment, et, au bout d'une demi-heure environ, ils donnent une fumée blanche. Il faut attendre pour adapter le condenseur à l'appareil jusqu'à ce que, en introduisant une tige de fer froide dans le tube T, on voie s'y attacher du sodium qui brûle ensuite dans l'air. Alors seulement on met le condenseur qui s'échauffe suffisamment pour que le sodium condensé vienne couler à l'extrémité D ; on le reçoit dans une bassine de fonte L (fig. 5) renfermant un peu d'huile lourde de schiste. Quand le condenseur s'engorge, on le remplace par un autre qu'on fait préalablement chauffer à 200 ou 300 degrés en le plaçant au-dessus du four.

La température nécessaire à la réduction du carbonate de soude par le charbon n'est pas très élevée. D'après Rivot, ce serait à peu près la température des fours à zinc.

FABRICATION CONTINUE EN CYLINDRES

D'après Sainte-Claire Deville, il faut bien se garder d'augmenter les dimensions des tubes de dégagement et des condenseurs, même si l'on remplace, comme il le fit lui-même, les bouteilles à mercure en fer par des tubes de dimensions cinq fois plus grandes.

Les tubes T (fig. 7), employés par Sainte-Claire Deville, mesuraient $1^m,20$ de longueur et 44 centimètres de diamètre intérieur avec une épaisseur de 10 à 12 millimètres. Ces tubes étaient fermés d'un côté par une plaque P et de l'autre par un tampon de fer O terminé par un crochet. La plaque P est percée à l'un de ses bords d'un trou dans lequel on fait entrer

Fig. 7. — Four à sodium.

à vis ou à frottement un tube de fer L long de 5 à 6 centimètres et de 15 millimètres de diamètre intérieur. A ce tube vient s'adapter un condenseur semblable à ceux que nous avons décrits précédemment.

Les tubes de fer ne doivent pas être chauffés à feu nu ; il faut les entourer d'argile réfractaire. Ils sont chauffés dans un four à reverbère (fig. 7 et 8) qui servait également à la calcination des matières premières ou à la fusion de l'aluminium.

Pour introduire facilement les matières dans ces tubes, on forme soit avec de la toile, soit avec du papier, des sortes de sacs contenant le mélange que l'on introduit ensuite par l'ouverture O.

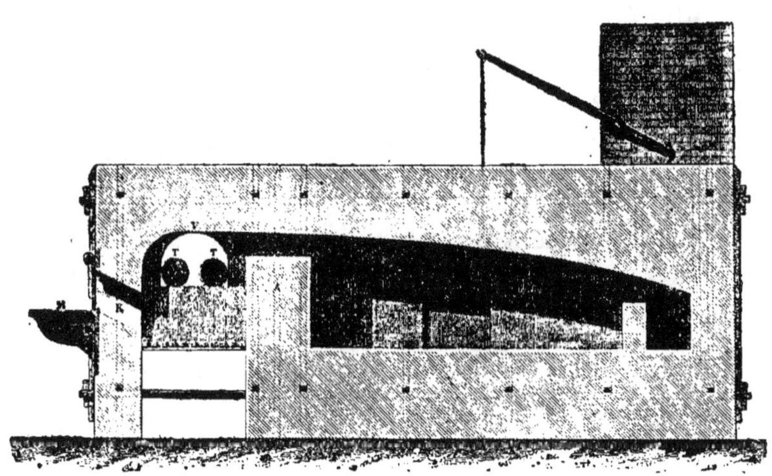

Fig. 8. — Four à sodium.

• On a essayé dans ce procédé de remplacer les vases en fer par des vases en fonte; ces essais ont toujours donné de mauvais résultats.

Le procédé de Sainte-Claire Deville a été long-temps employé par l'usine de Salindres. Le prix de revient était d'environ 11 francs le kilogramme.

$9^{kg},300$ soude à 0,30 . . . . . . 3 »
75 kilogrammes houille. . . . . 1 »
Main-d'œuvre. . . . . 2 »
Frais divers . . . . 5 »
____
11 »

Procédé Castner (1886). — Ce procédé qui n'est du reste qu'une modification du procédé Deville était employé, il y a peu de temps encore, à Oldbury. Le prix de revient du kilogramme serait d'environ 3 francs.

Les modifications apportées par M. Castner au procédé primitif sont :

1° Abaissement de la température de réaction ;

2° Substitution de la soude caustique au carbonate ;

3° Substitution d'un carbure de fer au charbon.

L'emploi de la soude caustique a pour avantage d'abaisser la température de réaction. La soude caustique est en effet décomposée par le charbon à une température comprise entre 800 et 1000 degrés, tandis que le carbonate exige une température voisine de 1500 degrés.

Cet abaissement de température a l'avantage de ne pas attaquer aussi rapidement les vases de fer qui servent à la fabrication.

Ce mode de fabrication n'était pourtant pas applicable avec le charbon, parce que ce dernier vient surnager sur la soude fondue et la réaction n'a plus lieu. C'est alors que M. Castner imagina de remplacer le charbon par un carbure de fer plus lourd et qui reste en suspension dans la soude fondue.

La fabrication comporte deux phases :

1° Fabrication du carbure de fer ;

2° Fabrication du sodium.

Fabrication du carbure de fer. — Un mélange de limaille de fer et de brai est calciné dans des creusets fermés ; on obtient ainsi une sorte de coke très dur et très dense dont la composition correspond sensiblement à :

$$\text{Carbone} \ldots \ldots \ldots 30$$
$$\text{Fer} \ldots \ldots \ldots \ldots 70$$

C'est-à-dire à la formule FeC^2

La réduction de la soude par le carbure se fait dans des creusets en acier ayant 46 centimètres de diamètre et 61 centimètres de hauteur ; ces creusets contiennent environ 36 kilogrammes de matière.

Les creusets sont au nombre de cinq et placés sur un piston hydraulique qui vient appliquer les têtes des creusets sur des couvercles fixes (fig. 9). Ces couvercles sont vissés à des condenseurs fermés par des cylindres en tôle inclinés d'où le sodium tombe dans des récipients contenant du pétrole.

La distillation dure environ une heure un quart. Lorsqu'elle est terminée, on change les condenseurs, on abaisse le piston et l'on recharge les creusets. La réaction peut se représenter par la formule :

$$3(NaO,HO) + 2FeC^2 = 2Fe + 3H + 2Na + NaO,CO^2 + 2CO^2$$

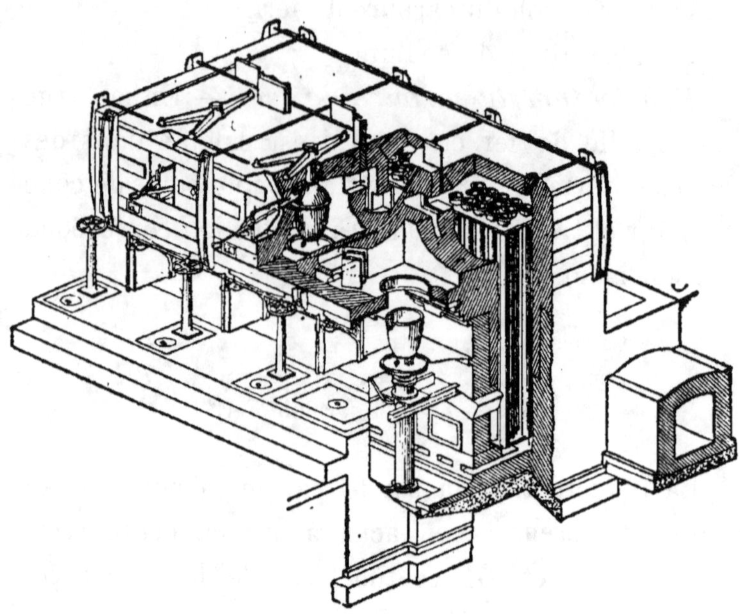

Fig. 9. — Four Castner.

Le résidu de l'opération est en effet un mélange de fer et de carbonate de soude ; sa composition est voisine de celle-ci :

Carbonate de soude	77
Soude.	2
Carbone	2
Fer	19
	100

Un creuset peut supporter 200 opérations. Voici, d'après M. Anderson, la consommation des matières pour $2^{kg},800$ de sodium.

	kg
Soude caustique	20,00
Carbure de fer	3,20
Usure des creusets en acier . . .	2,00
Charbon	75,00

Procédé Netto (1887). — Ce procédé ne diffère des précédents que par la forme ingénieuse de l'appareil employé (fig. 10).

L'appareil se compose d'une cornue en fonte f pour la réduction de la soude. Cette cornue est protégée par une paroi en argile $m\,m$. Les flammes circulent autour de cette cornue et viennent ensuite chauffer une bassine a qui sert à la fusion de la soude. La cornue est remplie de coke ou de charbon de bois que l'on porte au rouge vif. La soude caustique est alors versée peu à peu sur le charbon incandescent à l'aide du robinet régulateur b et du tampon u servant à boucher la trémie c. La réaction a lieu instantanément et le sodium qui distille à travers le charbon vient se condenser dans le récipient k et tomber dans un vase rempli d'huile de naphte lourde. La soude non décomposée et le carbonate de soude qui s'est formé pendant l'opération sont évacués par le conduit de coulée h dans un récipient y à l'aide du tampon à vis i.

5.

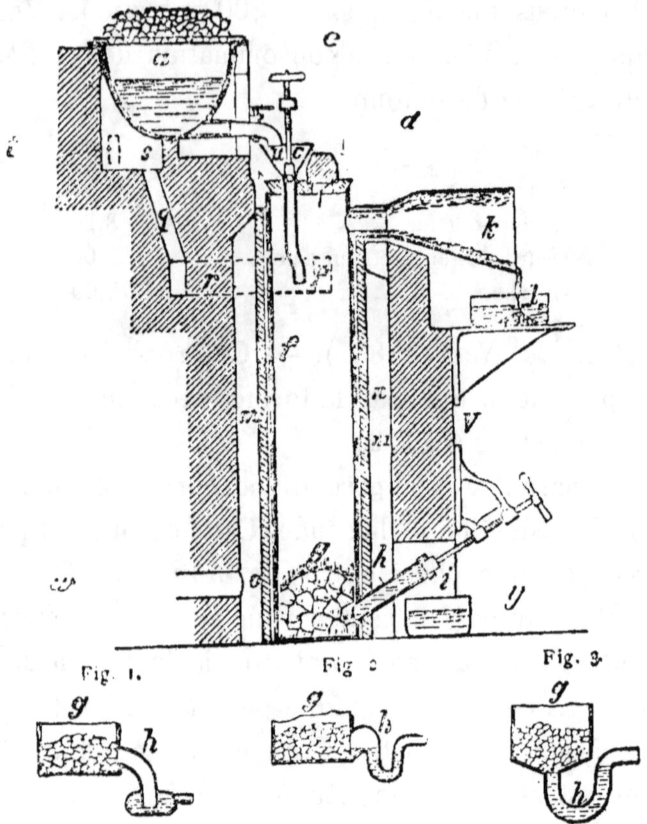

Fig. 10. — Four Netto.

Pour 100 kilogrammes de sodium on compte.

Soude caustique	1000	kilogrammes
Fonte (usure de la cornue) . .	120	—
Combustible	1200	—
Charbon réducteur	150	—

Le prix de revient serait, paraît-il, de 2 francs environ le kilogramme.

FABRICATION ÉLECTROLYTIQUE DU SODIUM

On a cherché aussi à produire le sodium par voie électrolytique.

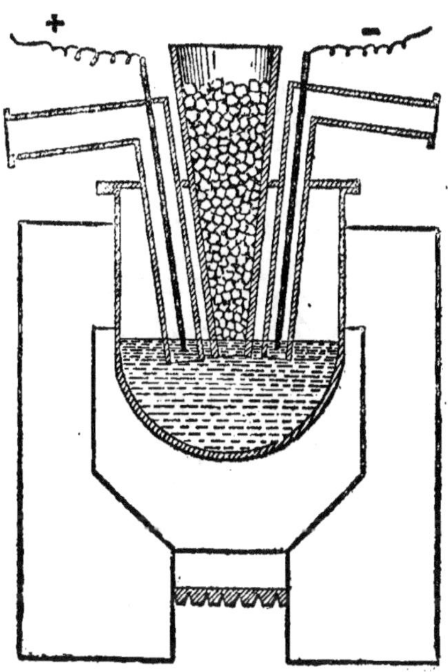

Fig. 11. — Appareil Jablochoff pour la fabrication du sodium.

Procédé Jablochoff. — P. Jablochoff a imaginé un appareil (fig. 11) qui permet de recueillir les vapeurs du chlore et d'en tirer profit. Le fonctionnement de l'appareil est facile à comprendre. Le sel arrive par une trémie dans la cuve à électrolyse qui contient le sel marin en fusion ; les deux électrodes sont enfermées dans des tubes par lesquels peuvent se dégager le sodium au pôle négatif et le chlore au pôle positif.

Procédé Grabau. — M. Grabau opère de la même façon avec un appareil un peu différent (fig. 10). La

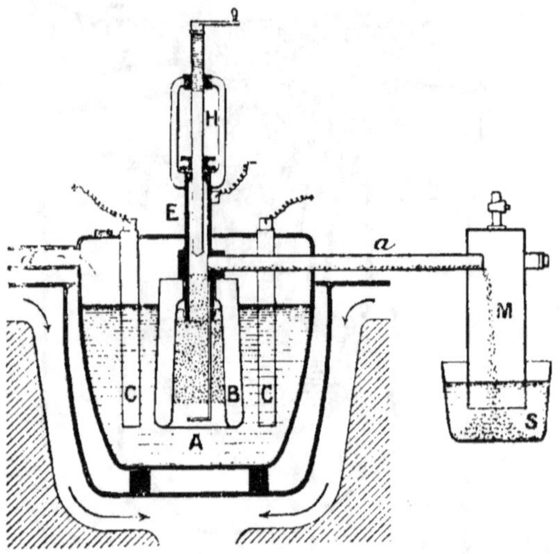

Fig. 12. — Appareil de M. Grabau.

cathode H qui est en fer est recouverte d'une cloche en porcelaine renversée B. Le sodium qui se dépose à la cathode distille et se rend par le conduit *a* au condenseur M. Le chlore se dégage à l'anode *c* et part par le conduit *d*. Le prix de revient du sodium par ce procédé serait, dit-on, notablement inférieur à 2 francs, ce qui peut s'expliquer par le peu de valeur du chlorure de sodium et par l'utilisation du chlore.

III. **Procédés chimiques.**

MÉTALLURGIE DE L'ALUMINIUM

Tous ces procédés consistent à déplacer l'aluminium par un métal alcalin et de préférence par le sodium qui offre sur son congénère des avantages de différents ordres dont nous avons déjà parlé.

Procédés Sainte-Claire Deville. — Nous croyons devoir rappeler ici la fabrication telle que Sainte-Claire Deville l'établit à l'usine de Javel, bien que la fabrication ne devînt véritablement industrielle qu'à l'usine de Nanterre après que le premier procédé eut reçu des modifications importantes.

Le procédé employé à Jevel comporte trois opérations :

1º Fabrication du chlorure d'aluminium ;

2º Fabrication du sodium ;

3º Fabrication de l'aluminium.

Nous n'avons à nous occuper ici que de la troisième opération, les deux premières ayant été décrites dans des chapitres précédents.

L'appareil dont se servait Sainte-Claire Deville se composait d'une série de cylindres en fonte disposés sur un four en maçonnerie.

Le chlorure d'aluminium est introduit dans le cylindre qui est chauffé par un foyer F. Le chlorure distille et passe au moyen du tube Y dans un cylindre B contenant 60 à 80 kilogrammes de limaille de fer chauffée au rouge sombre par le foyer G. Le fer est destiné à épurer le chlorure d'aluminium ; en effet le perchlorure de fer qui se dégage en même temps que le chlorure d'aluminium

Fig. 13. — Appareil Sainte-Claire Deville, pour la fabrication de l'aluminium.

se transforme, en présence de l'excès de fer, en protochlorure fixe à la température à laquelle on opère. De plus, l'acide chlorhydrique dû à la décomposition du chlorure d'aluminium par l'humidité de l'atmosphère est fixé également à l'état de protochlorure de fer.

Les vapeurs de chlorure d'aluminium viennent ensuite par le tube C dans le cylindre en fonte D dans lequel sont placées trois nacelles en fonte contenant chacune 500 grammes de sodium. Ce cylindre D est à peine chauffé, parce que la réaction entre le sodium et le chlorure d'aluminium est très vive et le dégagement de chaleur suffisant pour maintenir les bains à l'état de fusion.

Lorsque le chlorure arrive au contact du sodium, il se forme du sel marin et de l'aluminium. Le sel marin ne tarde pas à se combiner avec l'excès de chlorure d'aluminium pour donner du chlorure double assez volatil qui va se condenser sur le sodium de la nacelle voisine où il se décompose de nouveau.

La réaction est terminée lorsqu'en ouvrant le couvercle W on voit le sodium de la dernière nacelle entièrement transformé en une matière noire baignant dans un liquide incolore.

On remplace alors les nacelles par des nouvelles et on recommence l'opération.

Le contenu de chacune de ces nacelles est alors retiré et introduit dans des pots en fonte que l'on chauffe sur la sole du four à reverbère qui sert à la préparation du sodium (fig. 6), jusqu'à ce que la fusion soit complète et que le chlorure double commence à se volatiliser. Alors, seulement la réaction est complète. On traite par l'eau le contenu des pots ; le cholure d'aluminium se dissout et on sépare les grains métalliques que l'on refond en présence d'un peu de chlorure double d'aluminium et de sodium.

Ce procédé de fabrication était très coûteux et ne permettait d'obtenir qu'une quantité de métal très limitée; il ne tarda pas à être modifié par Sainte-Claire Deville lui-même dans l'usine de M. Paul Morin à Nanterre.

Au chlorure d'aluminium Sainte-Claire Deville substitua le chlorure double d'aluminium et de sodium qui est beaucoup plus stable, puis il employa la cryolithe qui servait à la fois de fondant et de minerai.

Le métal obtenu par ce procédé avait sensiblement la composition suivante.

Silicium	0,3
Fer	2,7
Aluminium	97,0

La réduction se fait dans un four à réverbère. Avec une sole d'un mètre carré de surface, on peut réduire de 6 à 10 kilogrammes d'aluminium. Chaque opération dure environ quatre heures, on peut donc obtenir par ce procédé une production de 60 à 100 kilogrammes par vingt-quatre heures.

Le mélange employé à Nanterre était :

Chlorure double	10 parties
Cryolithe.	5 —
Sodium	5 —

Le chorure double et la cryolithe sont pulvérisés, puis mélangés avec le sodium coulé en petits lingots et le tout est jeté sur la sole du four chauffé à l'avance à une température modérée.

La réaction s'opère avec un grand dégagement de chaleur qui suffit pour amener la masse à la température du rouge vif. On ouvre alors le registre qui avait été fermé pendant la période de réaction et on donne un coup de feu pour rendre les scories bien fluides et rassembler les globules métalliques. Le bain est ensuite coulé dans des lingotières en fonte. La composition des scories correspond à :

Sel marin	60
Fluorure d'aluminium.	40
	100

Le procédé Sainte-Claire Deville était encore employé à Salindres il y a quelques années ; l'usine fabriquait l'aluminium depuis l'année 1858. Sa production annuelle était de 2400 kilogrammes.

Le prix de revient à Salindres se décomposait ainsi pour 1 kilogramme de métal :

kg		fr.	fr.
3,500 sodium à	11 »	39 »
10 » chlorure double	2,50	25 »
4 » cryolithe	1,40	5,60
10 » charbon et main-d'œuvre .		3 »
			72,60

Procédé Castner. — Ce procédé n'est qu'un perfectionnement du procédé Deville et la principale amélioration provient de la fabrication économique du sodium. Nous avons parlé en détail de cette fabrication ; nous n'y reviendrons donc pas.

Le chlorure double est fabriqué le plus économi-
quement possible.

Le four est chargé avec un mélange d'alumine, de
sel marin et de charbon, que l'on chauffe pendant
une heure. Lorsque la température est suffisante, on
fait arriver un courant de chlore dont le volume est
exactement dosé par un compteur.

L'opération dure deux jours; chaque fourneau
exige environ 75 kilogrammes de chlore. Le chlorure
double distille d'une façon continue dans des condenseurs où il cristallise.

Le procédé Castner était suivi à Oldbury, il y a
peu de temps.

La réduction se faisait dans un four à reverbère
chauffé au gaz; la charge se composait de :

Chlorure double	550 kilogrammes
Cryolithe.	250 —
Charbon.	150 —

On obtenait environ 60 kilogrammes de métal.

Pour produire une tonne d'aluminium par ce procédé, il faut :

Sodium	2.800 kilogrammes
Chlorure double	10.200 —
Cryolithe	3.700 —
Charbon brûlé	8.000 —

Le prix de revient du kilogramme de métal était
d'environ 30 francs.

M. Castner obtenait de l'aluminium très pur à l'aide d'une opération supplémentaire.

Le chlorure double, qui contient toujours du fer, était fondu avec un peu de sodium. Le fer se trouve ainsi facilement réduit et la teneur en fer qui était de 1/100 tombe à 1/1000.

Procédé Netto. — Dans les procédés Deville et Castner, on emploie bien de la cryolithe, mais ce sel ne sert que de fondant ; il rend le bain plus fluide et plus stable et empêche jusqu'à un certain point la volatilisation du chlorure.

Sainte-Claire Deville avait cherché à extraire l'aluminium de la cryolithe seule qui est, comme le chlorure d'aluminium, réductible par le sodium, mais il n'obtint par ce procédé qu'un métal impur, renfermant beaucoup de fer et de silicium.

Les frères Tissier créèrent même une usine à Amfreville, près Rouen, où ils fabriquèrent l'aluminium avec la cryolithe seule.

Un échantillon de leur métal, analysé par M. de Mondésir, a donné :

Silicium	4,40
Fer.	0,80
Aluminium	94,80
	100,00

La difficulté d'obtenir un métal pur par l'emploi de la cryolithe s'explique facilement, parce qu'à la température à laquelle la réduction a lieu le fluorure se dissocie et le fluor qui se dégage, attaque le fer et la silice des creusets ou des fours, et ces impuretés se concentrent dans l'aluminium.

Pour parer à ces difficultés, le Dr Netto, de Dresde, a imaginé un procédé qui consiste à provoquer une réduction très rapide dans des vases dont les parois s'échauffent peu et sont, par conséquent, peu attaquées.

L'opération se fait soit dans un creuset, soit dans un convertisseur.

Réduction au creuset. — On emploie des creusets en plombagine fixés dans une enveloppe en tôle et l'on fond dans ces creusets 90 kilogrammes de cryolithe et 180 kilogrammes de sel marin.

Le sel marin a ici pour but de fluidifier le bain et d'en abaisser la densité.

Lorsque la masse est bien fondue, on y plonge un bloc de sodium pesant environ $2^{kg},500$ moulé et solidifié au bout d'une tige de fer (fig. 14). Au-dessus du bloc de sodium, on tient une calotte perforée destinée à empêcher les projections hors du creuset.

Le sodium, qui se trouve porté à une température supérieure à celle de son point de volatilisation, distille à travers le bain et réduit l'aluminium.

L'opération n'exige que quelques minutes.

Le creuset est porté sur un chariot; il peut

basculer pour permettre la coulée du métal et des
scories dans des lingotières en fonte.

Fig. 14.—Introduction du sodium dans la cryolithe en fusion.

On obtient environ 4^{kg},500 d'alumiuium, et la
scorie a la composition suivante :

Fluorure de sodium	42
Chlorure —	43
Cryolithe	15
	100

Réduction au convertisseur. — Le convertisseur
employé est un récipient cylindrique traversé par

un tuyau dans lequel circulent des flammes provenant de la combustion des gaz d'un gazogène.

On charge le mélange de cryolithe et de sel marin
porté préalablement à l'état pâteux (800 à 900 degrés)
par l'ouverture O.

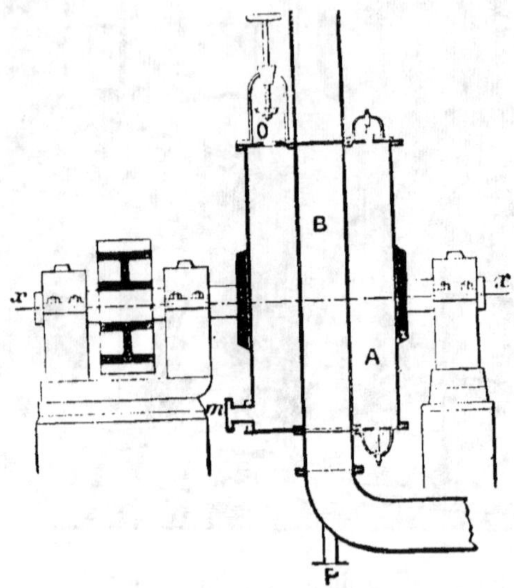

Fig. 15. — Convertisseur Netto.

Lorsque la température est suffisante, on introduit
également par O le sodium amené à l'état liquide,
puis on ferme l'ouverture O et on supprime l'arrivée
des gaz. On fait alors tourner le convertisseur autour
de l'axe xx, et, lorsqu'il a été ramené à sa position
primitive, on coule le métal par l'orifice m.

Ce mode de réduction est plus économique que l'emploi des creusets, mais le métal obtenu est moins pur.

Traitements fractionnés. — Pour obtenir un métal relativement pur, on peut fractionner l'opération, en ne versant que le tiers du sodium, par exemple; le silicium et le fer se concentrent dans l'aluminium, et la scorie exempte d'impuretés donnera par un nouveau traitement un métal pur.

L'aluminium obtenu au convertisseur et par un seul traitement contient environ 90 à 95 pour 100 de métal; un double traitement porte la teneur à 97-98 pour 100. L'aluminium obtenu par deux traitements au creuset est à 99 pour 100 environ.

Régénération des scories. — Les scories sont traitées de façon à obtenir à nouveau de la cryolithe artificielle.

La réduction par le sodium correspond à la formule :

$$Al^2Fl^3,3NaFl + 3Na = 2Al + 6NaFl$$

La scorie est donc en majeure partie composée de fluorure de sodium.

Si on chauffe au rouge du fluorure de sodium avec du sulfate d'alumine, on obtient la nouvelle réaction :

$$6NaFl + Al^2O^3,3SO^3 = Al^2Fl^3,3NaFl + 3NaO,SO^3$$

Il suffira de laver le mélange obtenu pour dissoudre le sulfate de soude.

En réalité on perd toujours une certaine quantité de fluorure, environ 15 pour 100.

Le procédé Netto est appliqué dans l'usine de la Société *The Alliance*, située à Walsend-on-Tyne, près de Newcastle.

D'après l'*Engineering*, ce procédé serait aussi employé dans les usines Krupp, à Essen, et le prix de revient du kilogramme d'aluminium serait d'environ 15 francs. Le convertisseur pourrait produire $2^{kg},250$ à l'heure.

Procédé Grabau. — Ce procédé a beaucoup d'analogie avec celui de Netto; M. Grabau emploie le fluorure d'aluminium au lieu de cryolithe. L'appareil dont il se sert pour la réaction permet d'opérer rapidement et d'éviter ainsi la corrosion des parois, ce qui fait que l'aluminium obtenu par ce procédé est très pur.

Cet appareil se compose (fig. 16) de deux cornues E et D, dans lesquelles sont chauffés au rouge et séparément le sodium et le fluorure d'aluminium pulvérisé.

Lorsque la température est suffisante, on fait tomber les deux matières dans un convertisseur mobile F. Le sodium réduit le fluorure.

$$2Al^2Fl^3 + 3Na = Al^2Fl^3,3NaFl + 2Al$$

La cryolithe qui est moins fusible que l'aluminium se fige sur les parois du convertisseur et les préserve.

Fabrication du fluorure d'aluminium. — M. Grabau fait réagir le sulfate d'alumine sur le spath fluor et la cryolithe. Cette cryolithe reforme dans la réduction par le sodium suivant la formule précédente.

La réaction est assez complexe et comporte deux phases.

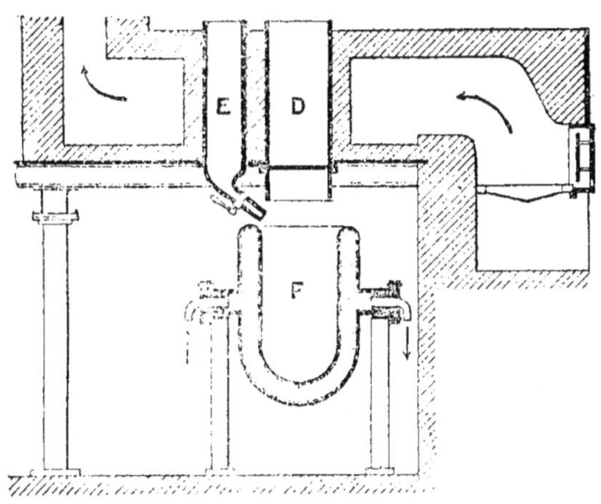

Fig. 16. — Appareil de M. Grabau.

1° On chauffe une dissolution de sulfate d'alumine avec du spath en poudre. Il se forme alors en fluosulfate d'alumine.

$$Al^2O^3,3SO^3 + 2CaFl = Al^2SO^4Fl + 2CaO,SO^3$$

Ce fluosulfate est mis en dissolution et séparé ainsi du sulfate de chaux.

La dissolution est alors évaporée à consistance sirupeuse, puis on y ajoute de la cryolithe naturelle dans la première opération, ou des scories d'une opération antérieure. Le mélange est desséché, concassé et chauffé au rouge dans des moufles garnis d'un pisé en charbon ou en graphite pour éviter d'introduire du fer et du silicium dans l'aluminium.

Il se forme du fluorure d'aluminium, et du sulfate de soude qu'on sépare par lavage à l'eau.

$$3Al^2SO^4Fl^2 + Al^2Fl^3,3NaFl = 4Al^2Fl^3 + 3NaO,SO^3$$

Par suite des soins qui sont pris dans ce mode de fabrication, on obtient de l'aluminium assez pur.

Deux échantillons de métal obtenus l'un à l'aide de la cryolithe naturelle, l'autre à l'aide du fluorure d'aluminium, ont été analysés à l'Ecole supérieure des Mines et contenaient :

	Cryolithe naturelle	Fluorure d'aluminium
Silicium	1,12	0,66
Fer	3,71	0,17
Manganèse	0,21	traces
Aluminium . . .	94,96	99,77
	100,00	100,60

Le prix de revient du kilogramme d'aluminium obtenu par le procédé Grabau serait d'environ 13 francs, et encore ce prix est-il établi en affectant au sodium la valeur de 2 francs, prix auquel M. Grabau serait arrivé à produire ce métal alcalin par l'électrolyse du sel marin dont nous avons eu l'occasion de parler en traitant de la fabrication du sodium.

Procédé Brin. — Ce procédé étudié par MM. Brin frères, chimistes à Londres, n'a plus rien de commun avec le procédé Sainte-Claire Deville ; il se rapproche des procédés ordinaires de la métallurgie.

Le procédé Brin consiste à réduire l'argile au four à cuve en présence de la fonte. Pour cela, on mélange l'argile avec du coke et un flux dont la composition est gardée secrète, et on chauffe dans un cubilot, en formant des lits alternatifs de matière et de barres de fonte.

On obtiendrait ainsi un ferro-aluminium de très bonne qualité. En remplaçant le fer par le cuivre on obtiendrait directement des bronzes d'aluminium.

On voit que, si le procédé Brin était pratique, il permettrait d'obtenir de l'aluminium allié à très bon marché, mais nous avons tout lieu de croire qu'il n'a pas été essayé industriellement.

Procédé Faurie. — Ce procédé n'a pas non plus reçu la sanction de la pratique. Il consiste à prendre deux parties d'alumine très pure et à en former une pâte avec du pétrole. On mélange ensuite cette pâte avec une partie d'acide sulfurique et on s'arrête lorsqu'on constate un dégagement d'acide sulfureux, On roule la pâte dans du papier et on en jette les toulettes dans un creuset chauffé à 800 degrés environ. On laisse refroidir et on pulvérise le produit que l'on mélange à la poudre du métal que l'on veut allier à l'aluminium. Le mélange est chauffé dans un creuset en graphite bien fermé. Après refroidissement on trouve des grains d'alliage disséminés dans une poudre noire.

Procédé Pearson. — On mélange 100 parties de cryolithe avec 50 parties de bauxite, 50 parties de chlorure de calcium ou de chaux, 50 parties de coke et on chauffe le tout pendant deux heures. L'aluminium serait réduit et réparti dans la masse. Pour réunir les globules de métal, on ajoute un fondant, du sel marin par exemple.

L'inventeur du procédé préconise l'emploi du zinc qui rassemble l'aluminium sous forme d'alliage. Le zinc est ensuite éliminé par distillation. En remplaçant le zinc par le cuivre, on obtient de suite le bronze d'aluminium.

Procédé Frismuth. — Le principe du procédé est le suivant : On met en présence dans un récipient spécial des vapeurs de sodium et de chlorure double d'aluminium et de sodium. Le chlorure double est volatilisé dans un courant de chlore.

Ce procédé, qui est, paraît-il, appliqué, n'est, comme on le voit, qu'une modification du procédé Sainte-Claire Deville.

Procédé Reillon, Montagne et Bourgerel. — Il consiste à traiter l'alumine par le sulfure de carbone en présence du charbon.

On fait une pâte épaisse d'alumine et de noir de fumée au moyen d'huile ou de goudron, et on chauffe cette pâte dans des creusets, de façon à décomposer l'huile ou le goudron. Le charbon alumineux qui reste dans les creusets est concassé et introduit dans une cornue munie de deux tubulures dont l'une sert à l'arrivée du sulfure de carbone, l'autre à la sortie des gaz. La réaction peut s'établir par la formule.

$$2Al^2O^3 + 3C + 3CS^2 = 2Al^2S^3 + 6CO$$

Le sulfure d'aluminium ainsi obtenu est traité au rouge par un courant d'hydrogène carboné qui décompose le sulfure en donnant de l'aluminium métallique et du sulfure d'hydrogène.

Procédé Zsigmondy. — Ce procédé a une certaine importance au point de vue de la fabrication économique du fluorure de sodium.

On fond du spath fluor avec du sable et du carbonate de potasse ; la masse est reprise par l'eau, évaporée, puis additionnée d'une solution concentrée de carbonate de soude. Il se dépose du fluorure de sodium et il se régénère du carbonate de potasse qui rentre dans une opération ultérieure.

Procédé Baldwin. — On fait un mélange de bauxite, de charbon pulvérisé et de sel marin. D'après l'inventeur, ces divers réactifs agiraient entre eux sous l'action de la chaleur et on obtiendrait un com-

6.

posé d'aluminium et de sodium. On fond l'alliage avec du sel marin et on sépare ainsi l'aluminium.

Ce procédé serait évidemment le moins coûteux de tous, mais nous n'avons pu nous procurer aucun détail sur la certitude dans la réaction annoncée.

Procédé Feldman. — Ce procédé consiste à fondre un mélange de fluorure double d'aluminium et de strontium, de chlorure de strontium et de sodium métallique. La réaction s'expliquerait par la formule :

$$Al^2Fl^3,3SrFl + 6SrCl + 3Na = 2Al + 3SrFl + 3SrCl + 3NaCl$$

Procédé Bamberg. — M. Bamberg remplace le sodium par le zinc. L'idée de réduire le chlorure d'aluminium par le zinc avait déjà attiré l'attention des chercheurs, mais c'est à M. Bamberg que revient l'honneur de la réussite.

Le procédé consiste à faire agir l'une sur l'autre des vapeurs de zinc et de chlorure d'aluminium à l'abri de l'air. On obtient ainsi un culot métallique renfermant les deux métaux, qui est chauffé à 1100 degrés environ, de façon à volatiliser tout le zinc qui est recueilli dans des condenseurs et qui servira dans une opération ultérieure.

M. Bamberg dit pouvoir appliquer son procédé à la fabrication des bronzes et des alliages divers. Le cuivre, par exemple, est porté à une température très élevée dans une sorte de convertisseur Bessemer où l'on injecte du chlorure d'aluminium ou de la cryolithe finement pulvérisée. Il se forme un alliage de cuivre et d'aluminium et le chlorure de cuivre est volatilisé.

Procédé Bessemer. — Le foyer est en briques réfractaires et revêtu d'une enveloppe en tôle. Il est garni intérieurement de briques comme un régénérateur Siemens. Un mélange d'air et de gaz est envoyé dans l'appareil et porte le foyer à une température élevée. Lorsque la température est suffisante, on injecte du gaz dans le laboratoire préalablement chauffé. Le gaz brûle à la faveur du courant d'air chaud et sous pression et porte le laboratoire à une température très élevée. On introduit alors dans le laboratoire la charge composée de minerai d'aluminium et de fondants. La température serait suffisamment élevée pour volatiliser l'aluminium produit qui serait recueilli dans un condenseur spécial.

Procédé Walrand. — M. Walrand, bien connu par ses travaux sur la métallurgie du fer, décrit, dans *la Métallurgie* du 21 septembre 1892, un procédé de fabrication de l'aluminium basé sur la fabrication économique du sulfure d'aluminium et sur la réduction de ce dernier.

Voici la description du procédé :

« Si l'on chauffe au rouge de l'alumine anhydre, intimement mélangée avec du charbon ou des corps carburés, et que l'on fasse passer un courant de soufre en vapeur ou de sulfure de carbone sur le mélange, il se forme du sulfure d'aluminium, corps très instable que l'on utilise pour la production de l'aluminium métallique ».

Ce procédé offre le grave inconvénient qu'il nécessite une grande quantité de soufre ou de sulfure de carbone, ce qui rend l'application coûteuse, surtout en tenant compte de ce qu'une grande partie de l'alumine échappe à la réaction (cela tient à la difficulté éprouvée à faire traverser le mélange d'alumine et de charbon par le courant gazeux).

Si, au lieu de procéder de cette façon, on s'arrange pour que le soufre prenne naissance au sein même de la masse, à la température du rouge, la sulfuration est beaucoup plus complète, et l'économie qui en résulte est considérable, en temps comme en argent.

Dans le nouveau procédé de fabrication du sulfure d'aluminium et de l'aluminium métallique, voici comment on opère :

On prend de l'alumine ou du sulfate d'alumine desséché, que l'on mélange intimement avec du charbon de bois, de la houille, du coke ou un corps carburé quelconque. On ajoute en proportion convenable, au mélange, de la pyrite de fer, dont la formule est FeS^2. Celle-ci est intimement mélangée avec la masse d'alumine et de charbon. On en fait des briquettes que l'on sèche pendant quelques jours, et qui alors sont bonnes pour l'emploi ultérieur.

Ces briquettes sont portées au rouge dans un fourneau quelconque non oxydant.

A la température du rouge, la pyrite de fer se décompose en donnant naissance à du protosulfure de fer et à un équivalent de soufre libre, qui, en présence du charbon, décompose l'alumine en produisant du sulfure d'aluminium, dont la formule chimique est Al^2S^6.

A cette température, le sulfure de fer, qui est très fusible, se sépare de la masse par ordre de densité. On l'évacue du four pour ne pas encombrer inutilement l'appareil, dans lequel on pourra produire ensuite l'aluminium au moyen de l'un des réducteurs connus (zinc, plomb, molybdène, antimoine, hydrogène ou carbures d'hydrogène).

Au lieu d'employer l'un de ces réducteurs, toujours coûteux, on se sert de fonte de fer. Celle-ci ne doit pas être employée en excès, car il se formerait un aluminium ferreux dont les propriétés sont toutes différentes de celles de l'aluminium. Il est préférable de perdre un peu d'aluminium, dont le prix de revient est tellement faible que l'inconvénient économique qui en résulte est insignifiant.

L'addition de la fonte de fer se fera dans l'appareil où l'on a produit le sulfure d'aluminium, appareil qui pourra être quelconque, pourvu qu'il se prête à un brassage énergique de la masse.

Le sulfure d'aluminium se décompose, donne

naissance à du sulfure de fer qui se sépare immédiatement et tombe au fond de l'appareil, tandis que l'aluminium flotte à la surface.

On procède à la coulée du sulfure de fer et ensuite à celle de l'aluminium.

En lieu et place de l'alumine, l'inventeur se réserve d'employer la bauxite dans les opérations ci-dessus décrites, en notant que la bauxite silicieuse est préférable à la bauxite ferrugineuse.

Il sera bon de rendre la fonte de fer aussi fusible que possible.

Le phosphore et le soufre n'offrant aucun inconvénient, leur présence dans la fonte de réduction facilitera les réactions qui se passeront ainsi à température plus basse.

Au lieu de pyrite de fer, l'inventeur se réserve aussi d'employer d'autres polysulfures qui n'abandonneront leur soufre en totalité ou en partie qu'au rouge : tels certains polysulfures alcalins ou alcalinoterreux ou métalliques, étant bien entendu qu'il ne vise uniquement qu'à la production du soufre, à l'état naissant, au sein de la masse, aux températures auxquelles les réactions indiquées ci-dessus peuvent se passer.

CHAPITRE VI

ÉLECTROMÉTALLURGIE DE L'ALUMINIUM

I. *Procédés électrothermiques.* — Procédé Cowles: disposition du four. Rendement. Effet utile. Alliages. — Procédé Héroult. Four. Description d'une opération. Effet utile du four Héroult. — Procédés divers : Gérard-Lécuyer. Schneller et Astfalk.

II. *Procédés électrolytiques.* — Procédé Héroult-Kiliani; production, prix de revient, usines de Froges et de Neuhausen. — Procédé Minet. Choix de l'électrolyse. Alimentation du bain. Appareil Minet. Condition de marche. Fractionnements de l'électrotrolyse. — Procédé Hall. The Pittsburg Réduction C°. — Procédés divers : Douglas-Dixon, Grœtzel, Kleiner, Faure Berg, Falk et Schaag.

I. Procédés électrothermiques

Dans ces procédés, l'électricité sert plutôt de source de chaleur et par suite d'agent de dissociation.

Procédé Cowles. — Le premier procédé de ce genre est, comme nous l'avons vu, le procédé Cowles.

Il consiste à faire passer un courant électrique très puissant à travers un mélange d'alumine et de charbon. La température que l'on obtient ainsi entre les deux électrodes est tellement forte que l'on arrive à la fusion, puis à la dissociation de l'alumine.

Mais à cause même de la température élevée, l'aluminium produit se trouve en majeure partie volatilisé et réoxydé et c'est pour cette raison que le procédé Cowles ne permet pas d'obtenir de l'aluminium pur, tandis qu'il convient très bien pour les alliages divers de l'aluminium.

D'après le D' Hunt, on peut cependant obtenir de l'aluminium pur par le procédé Cowles, mais la perte est considérable, tandis que l'on peut extraire presque tout le métal en ajoutant au mélange d'alumine et de charbon des métaux granulés susceptibles de s'allier.

Il y a intérêt dans ce procédé à employer des courants puissants ; ceci résulte d'une série d'essais faits par Cowles qui a reconnu que le rendement augmentait avec la puissance de la machine.

Les premiers essais industriels du procédé Cowles furent faits à Cleveland.

La force était fournie par une machine de 100 chevaux qui actionnait une dynamo pouvant donner un courant de 1500 ampères avec une force électro-motrice de 50 volts.

MM. Cowles frères ont installé une autre usine à Lockport où l'on a utilisé une chute d'eau pouvant donner 3000 ampères et 50 volts. Le rendement était était de 1 kilogramme de métal environ pour une dépense d'énergie électrique dans le bain équivalant à 77 chevaux-heures.

Aujourd'hui une usine importante fonctionne à Milton pour la fabrication des alliages d'aluminium par le procédé Cowles ; on se sert d'une dynamo donnant un courant de 5000 ampères avec une force électro-motrice de 60 volts.

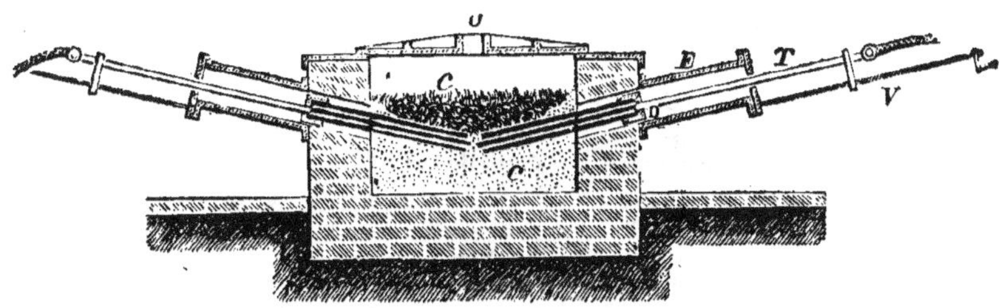

Fig. 17. — Four Cowles (d'après Ponthière).

Four Cowles. — Les fours sont à travail discontinu. Ils se composent d'une cuve rectangulaire en briques réfractaires pouvant être fermée par un couvercle en fonte. Ce couvercle est muni d'une ouverture *o* pour l'échappement des gaz.

Dans les deux petites faces du four sont pratiqués deux trous destinés à donner passage aux électrodes. Ces électrodes se composent d'une série de charbons analogues à ceux employés pour l'éclairage ; ils sont maintenus serrés par une douille de cuivre D

coulée autour d'eux. Chaque électrode débouche
dans une gaine en fonte E qui a principalement
pour but de protéger les charbons de l'oxydation

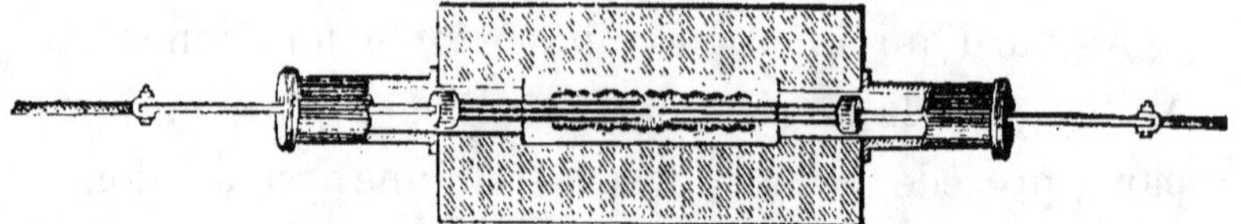

Fɪɢ. 18. — Four Cowles (d'après Ponthière).

lorsqu'on les retire du fourneau. Une tige T fixée à la
douille D fait communiquer les électrodes avec les
conducteurs à l'aide de boulons.

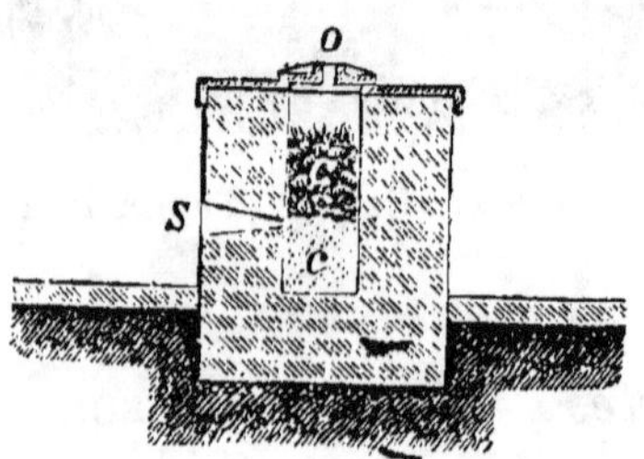

Fɪɢ. 19. — Four Cowles (d'après Ponthière).

Le fond du four est formé d'un pisé en charbon
de bois; les parois latérales sont également gar-
nies de charbon. Au-dessus de la charge qui recouvre
les électrodes, on met des morceaux de charbon de
bois qui laissent passer les gaz.

Le chargement du four se fait par le haut; le
défournement peut se faire par la même ouverture

ou bien, ce qui est préférable, par une ouverture S pratiquée à la partie inférieure du four. C'est cette dernière disposition qui est employée à Milton.

Les fours sont rangés à côté les uns des autres, de façon à ce que les câbles en cuivre qui sont mobiles à l'aide de galets, puissent être transportés d'un appareil à l'autre.

M. Ponthière croit que l'on pourrait réaliser un four continu, sorte de cubilot dont les tuyères seraient remplacées par deux électrodes et qui serait ainsi, pour employer une expression pittoresque, soufflé à l'électricité.

Description d'une opération pour cupro-aluminium. — Le fond et les parois du four sont garnis de charbon damé, puis on met les électrodes à fond, de façon à ce qu'elles arrivent à une distance de 40 millimètres environ. On charge alors :

```
Corindon  . . . . . . . . .  15 kilogrammes
Cuivre en grenaille . . . .  30      —
```

Ou bien, si l'on veut employer les scories d'une opération précédente :

```
                                      kg
Corindon . . . . . . . . . . .  12,500
Cuivre  . . . . . . . . . . .   30    »
Scories . . . . . . . . . . .   42    »
```

Cette charge est recouverte de charbon de bois en morceaux ; on lute les ouvertures qui donnent passage aux électrodes, on ferme le couvercle, puis on établit les contacts ; l'opération commence.

Après, quelques minutes, on arrive à 3000 ampères et 50 volts ; l'ouvrier chargé de la surveillance du four maintient ces mesures constantes jusqu'à ce que la masse soit incandescente et que l'oxyde de carbone produit vienne brûler à l'extérieur. A ce moment, on augmente l'intensité jusqu'à 5000 ampères.

Par suite de l'inclinaison des électrodes, les charbons resteront toujours au-dessus du bain métallique.

Les produits de la combustion des gaz sont reçus dans un condenseur en tôle. Ces gaz peuvent contenir des métaux alcalino-terreux qui brûlent avec eux.

Au bout de deux heures de marche, les électrodes qui ont été brûlées en grande partie arrivent à être distantes de $1^m,10$ environ.

On supprime alors les contacts et on coule par le trou de coulée.

L'alliage obtenu renferme de 15 à 30 pour 100 d'aluminium.

On fabrique à Milton par le même procédé des ferro-aluminiums dans lesquels la teneur en aluminium varie de 5 à 20 pour 100.

Ces alliages sont amenés au titre désiré par addition de cuivre ou d'aluminium.

La proportion de scories est variable. Pour une charge composée suivant la première formule que nous avons donnée plus haut, on obtient en moyenne 30 kilogrammes de scories. Ces scories ont une grande valeur, puisqu'elles renferment environ 30 pour 100 d'aluminium et 25 pour 100 de cuivre à peu près entièrement métalliques. Elles constituent donc un excellent minerai.

Rendement. — A Lockport, on compte 77 chev. h. élect. par kilogrammes d'aluminium produit, soit 13 grammes de métal par chev. h. élect.

A Milton, on est arrivé à ne dépenser que 40 chev. h. élect. par kilogrammes de métal, ce qui correspond à 25 grammes d'aluminium par chev. h. élect.

Effet utile du four Cowles. — On peut établir ainsi l'effet utile du four (Ponthière, *Électrométallurgie*).

$$1^o \text{ Énergie dépensée :}$$

4 kilogrammes charbon pour donner . . . CO
dégagent". . . . . $4 \times 2483 = 9{,}932$ calories
$$40 \text{ chev. h. élect} = \frac{40 \times 736 \times 3600}{4.2 \times 1000} = 22{,}853 \quad -$$
$$\text{TOTAL} \quad . \quad . \quad . \quad . \quad 32{,}785 \text{ calories}$$

$$2^o \text{ Énergie utilisée :}$$

Chaleur de formation de l'alumine. 392 cal. 6 par gr. moléc. (55) soit 7,138 calories par kilogramme d'aluminium.

$$\text{L'effet utile sera donc } \frac{7.138}{32.785} = \frac{21}{100}$$

On compte environ 10 pour 100 en plus pour l'échauffement et la fusion des matières chargées dans le four, ce qui porte l'effet utile à 30 pour 100.

Comparons ce chiffre à l'effet utile dans la méthode de Sainte-Claire Deville.

1 kilogramme d'aluminium produit à Salindres exigeait en charbon . . . . 29,17 ^{kg}
Sodium 3^{kg},44 qui exige en charbon 25,18

$$\overline{54,35}$$

L'effet utile est donc :

$$E = \frac{7.138}{326.100} = \frac{2}{100} \text{ environ}$$

L'effet utile dans le procédé Cowles est, en réalité, bien inférieur à 30 pour 100, lorsqu'on actionne les dynamos par des moteurs à vapeur. En effet, 40 chev. h. élect. correspondent à environ 60 chev. effectifs, si l'on tient compte de 35 pour 100 de perte qui se produit à la dynamo et dans les transmissions. L'effet utile sera donc en tenant compte que 60 chev. h. effectifs équivalent à 120 kilogrammes de charbon, soit à 720.000 calories.

$$E = \frac{7.138}{9.932 + 720.000} = \frac{1}{100}$$

Cette grande différence que nous constatons entre les deux chiffres 20 pour 100 et 1 pour 100, n'est[t] pas imputable au procédé électrique, mais bien à la faible utilisation de l'énergie potentielle du charbon dans les foyers des chaudières à vapeur et dans les moteurs.

On peut se rendre compte par ces chiffres de l'intérêt qu'il y a, dans les procédés électrométallurgiques, à utiliser les forces naturelles telles que les chutes d'eau.

Alliages Cowles. — Le prix de revient est d'environ 10 francs par kilogramme d'aluminium allié. Ces alliages sont généralement très impurs ; ils peuvent contenir jusqu'à 3 pour 100 de silicium.

La Société *The Cowles Compagny* produit six qualités de bronzes :

```
Spécial A. . . . . . . . . .  11  »  pour 100 d'aluminium
   —    A. . . . . . . . .  10  »      —            —
   —    B. . . . . . . . .   7,5        —            —
   —    C. . . . . . . .  5 à 5,5       —            —
   —    D. . . . . . . . .   2,5        —            —
   —    E. . . . . . . . .   1,25       —            —
```

Le Dr Hampe qui a analysé un échantillon de bronze Cowles à 10 pour 100 a obtenu les chiffres suivants :

```
Cuivre . . . . . . . . . .  90,058
Aluminium . . . . . . . .   8,236
Silicium . . . . . . . . .  1,596
Carbone . . . . . . . . .   0,104
Magnésium . . . . . . . .   0,019
Fer . . . . . . . . . . .   traces
                           ‾‾‾‾‾‾‾
                           100,013
```

Un autre échantillon de bronze à 10 pour 100, analysé en 1886 au laboratoire du *Stevens Institute*, a donné :

Cuivre	88,00
Aluminium	6,30
Silicium	6,50
	100,80

Un échantillon de ferro-aluminium, obtenu par le procédé Cowles, a été analysé en Angleterre en 1886, il contenait :

Fer	86,69
Carbone combiné	1,01
— graphitique	1,91
Silicium	2,40
Manganèse	0,31
Aluminium	6,50
Cuivre	1,05
Soufre	néant
Phosphore	0,13
	100,00

Le cuivre se trouve ici par accident, mais le restant de l'analyse peut donner une idée assez exacte de la composition du ferro-aluminium. Le professeur Mabery a donné en 1887, dans l'*American Chemical Journal*, plusieurs analyses de ferro-aluminium Cowles.

Fer	85,17	85,46	86,00
Aluminium . .	8,02	8,65	9,25

| Silicium . . . | 2,36 | 2,20 | 2,35 |
| Carbone . . . | | 3,77 | 2,41 |

Procédé Héroult. — Ce procédé, tel qu'il a d'abord été établi par M. Héroult, se rapproche beaucoup du procédé Cowles. Il en diffère en ce que, au lieu d'opérer sur un mélange d'alumine et de charbon, on opère sur l'alumine fondue. La chaleur nécessaire pour fondre l'alumine est fournie par le courant lui-même.

Il faut remarquer que, si l'on n'ajoute pas de charbon, en revanche il se consomme une certaine quantité du charbon de l'électrode qui peut jouer le même rôle que le charbon dans le procédé Cowles.

M. Héroult prétendait obtenir par son procédé de l'aluminium de première fusion à 99 pour 100, mais en réalité ce procédé analogue au procédé Cowles ne permet, comme celui-ci, que l'obtention d'alliages.

Les usines de Froges et de Neuhausen, qui avaient adopté le procédé Héroult, ne l'employèrent au début qu'à la fabrication des bronzes et des ferro-aluminiums, et ce n'est qu'après une modification au procédé, modification due à M. Kiliani, qu'elles purent produire l'aluminium pur.

Nous croyons devoir séparer ces deux procédés pour être fidèle à la classification que nous avons adoptée. Le procédé Héroult se range, en effet, plutôt dans les procédés électrothermiques, tandis que le procédé Héroult-Kiliani est, à proprement parler, un procédé électrolytique.

Four Héroult. — L'appareil Héroult se compose d'un creuset en charbon comprimé G (fig. 20) con-

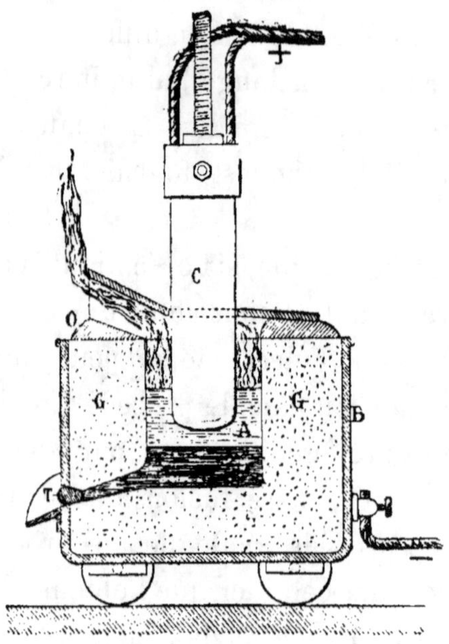

FIG. 20. — Four Héroult.

solidé par une armature en fer B. Le creuset est relié au pôle négatif du courant ; il est muni à sa partie inférieure d'un trou de coulée T et peut être fermé par un couvercle. Ce couvercle est muni de trois ouvertures, l'une au centre qui laisse passer une série de plaques de charbon C formant anode et deux autres symétriques servant de trous de chargement. Ces trous peuvent être fermés par des tampons en charbon.

Une poche de coulée montée sur galets permet d'aller porter le métal fondu aux lingotières ou à la fonderie.

L'anode est, comme nous l'avons vu plus haut, composée de plusieurs plaques de charbon comprimé ; ces plaques sont reliées entre elles par une chape de cuivre reliée elle-même au pôle positif du courant.

Les extrémités supérieures de ces plaques de charbon sont maintenues par une série de boulons à une pièce de métal portant un anneau qui permet de suspendre l'appareil à une chaîne enroulée sur un tambour.

Cette disposition a pour but de pouvoir faire varier facilement la distance des électrodes.

Description d'une opération. — On introduit dans le creuset une certaine quantité du métal que l'on veut allier à l'aluminium, puis on abaisse l'anode.

Lorsque le métal est en fusion, on ajoute l'alumine et le métal. L'alumine étant mauvais conducteur de l'électricité, la matière s'échauffe et fond, et comme la résistance et, par suite, l'échauffement, augmentent avec la distance des électrodes, il n'est pas nécessaire d'éloigner trop l'anode si l'on ne veut pas perdre de la chaleur.

M. Héroult estime que la distance entre l'anode et

le bain de métal fondu ne doit pas dépasser 3 millimètres.

Le minerai peut être de la bauxite triée avec soin
ou du corindon, mais il est préférable d'employer
l'alumine pure obtenue artificiellement.

On voit qu'avec le four Héroult la marche est continue. L'échauffement prend de huit à dix heures ;
on fait deux opérations par vingt-quatre heures.

La consommation de charbon des électrodes est de
1 kilogramme par kilogramme d'aluminium produit.

Le rendement est de 35 grammes d'aluminium allié
par chev. h. élect., soit 29 chev. h. élect. par kilogramme d'aluminium.

Effet utile du four. — Dans la fabrication des
alliages, l'effet utile s'établira ainsi d'après
M. Ponthière.

1 kilog. charbon d'électrodes équivalent à .   2.438 calories
29 chev. h. élect. équivalent à. . . . . . .   18.315   —
                    Total . . . .   20.798   —

$$E = \frac{7.138}{20.798} = \frac{34}{100} \text{ environ}$$

Soit environ 50 pour 100, si l'on tient compte de
l'échauffement et de la fusion des matières.

Nous parlerons des applications du procédé
Héroult, lorsque nous traiterons des procédés électrolytiques (procédé Héroult-Kiliani, p. 136).

Procédé Gérard-Lecuyer. — Ce qui caractérise ce procédé, c'est que les crayons servant d'électrodes sont formés d'un aggloméré contenant :

Alumine calcinée	50 parties
Charbon.	80 —
Cuivre en poudre	100 —

Le tout aggloméré par du goudron.

Le fonctionnement de l'appareil (fig. 21) s'explique facilement.

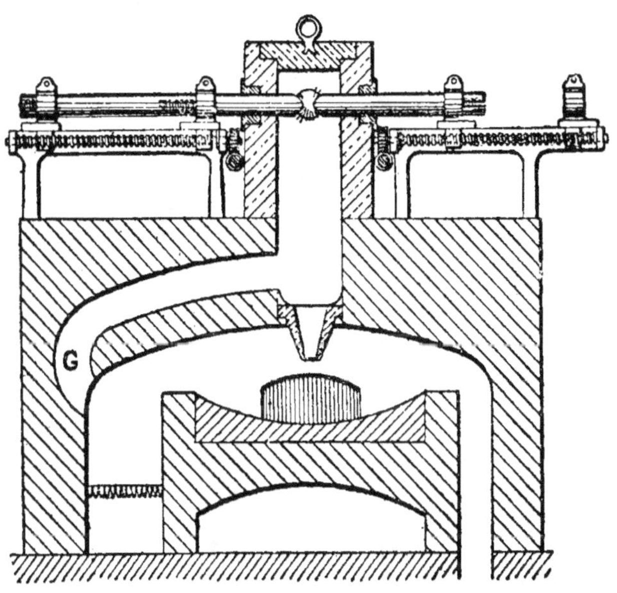

FIG. 21. — Four Gérard-Lécuyer

L'arc qui jaillit entre les électrodes agit sur le mélange de cuivre d'alumine et de charbon, comme dans le procédé Cowles, l'alliage fondu tombe sur la sole d'un four à réverbère d'où on le coule à intervalles de temps réguliers.

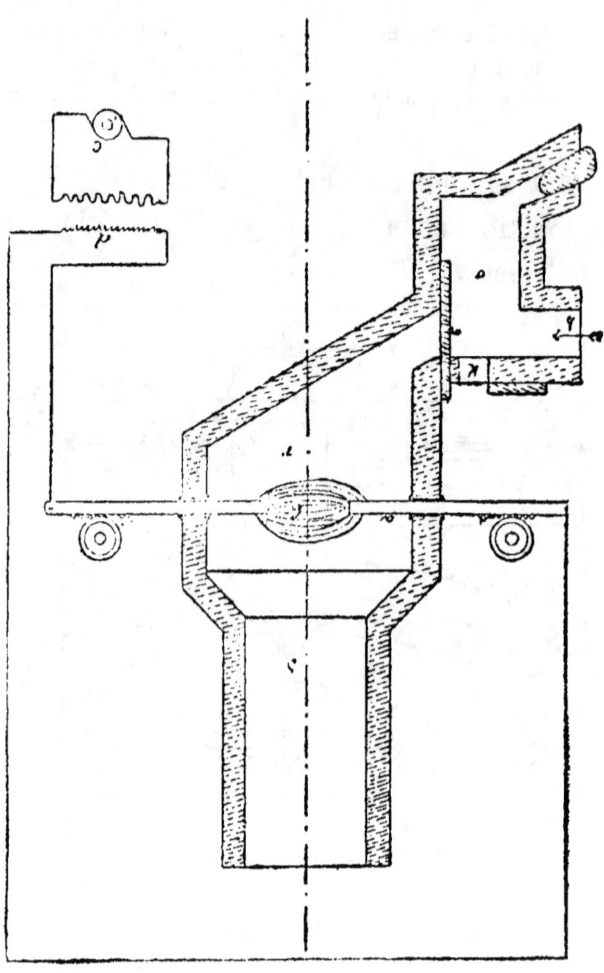

Fig. 22. — Four Schneller et Astfalk.

Procédé Schneller et Astfalk. — Le réducteur employé dans ce procédé est l'hydrogène que l'on fait agir sur le chlorure, le fluorure ou l'oxyde d'aluminium portés à une température élevée par le courant électrique. On emploie ici de hautes tensions. La formule générale de réaction est :

$$Al^2O^3 + 3H = 2Al + 3HO$$

Si l'on employait des courants à basse tension, il faudrait augmenter la conductibilité de la masse en ajoutant du charbon, mais alors on obtiendrait un aluminium siliceux.

II. Procédés électrolytiques.

Tandis que dans les procédés électrothermiques que nous venons d'étudier, on utilise des courants à haute tension susceptibles de produire un arc électrique, dans les procédés électrolytiques, au contraire, on utilise des courants dont la force électromotrice doit être simplement suffisante pour produire la décomposition de l'électrolyte.

Avec les premiers procédés dans lesquels l'électricité ne joue pas seule le rôle d'agent de décomposition, il peut arriver que le poids de métal obtenu soit supérieur au chiffre calculé en fonction de la quantité d'électricité qui a traversé le bain, tandis que, dans les procédés électrolytiques, le poids du métal obtenu est toujours proportionnel à cette quantité d'électricité.

Trois procédés électrolytiques fonctionnent actuellement dans l'industrie et donnent de bons résultats ; ce sont les procédés Héroult-Kiliani, Minet et Hall.

Ces procédés ont d'ailleurs beaucoup d'analogie entre eux.

Procédé Héroult-Kiliani. — La modification apportée au procédé Héroult par M. Kiliani consiste à ajouter à l'alumine son poids de cryolithe pour faciliter la fusion des matières, elle permet d'obtenir de l'aluminium pur.

L'appareil employé pour la fabrication de l'aluminium pur diffère un peu de l'appareil servant à la production des alliages.

Cet appareil se compose d'un creuset en tôle (fig. 22) garni intérieurement de charbon et isolé sur des supports. Ce creuset est percé dans le fond pour laisser passer une des électrodes qui est isolée électriquement du reste de la marmite. L'autre électrode est suspendue au-dessus du creuset par une potence qui permet, à l'aide d'une vis, de la relever ou de l'abaisser à volonté. L'électrode négative est en métal, l'électrode positive est en charbon aggloméré.

Dans les nouveaux appareils, on a supprimé le garnissage sur les parois latérales de la cuve ; on se contente de damer sur le fond de l'appareil une couche de charbon aggloméré avec du goudron. Le refroidissement par l'air suffit pour protéger les parois sur lesquelles vient se déposer une couche de cryolithe figée.

Pour amorcer le creuset, on y verse tout d'abord

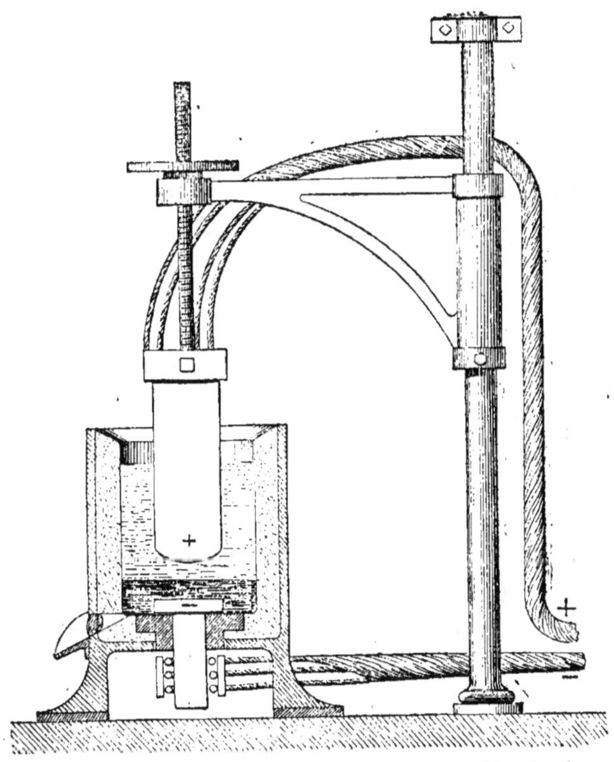

Fig. 23. — Appareil système Héroult.

une certaine quantité de cryolithe et on fait passer le courant. On alimente ensuite le bain en y ajoutant de l'alumine.

La marche de l'appareil est continue, et chaque

appareil produit environ 20 kilogrammes de métal par vingt-quatre heures.

Dans le procédé Héroult, tel qu'il a été employé primitivement à la fabrication des alliages, on ajoutait très peu de cryolithe et on était obligé d'employer des courants de 35 volts environ. Les conditions se rapprochaient de celles du procédé Cowles.

Depuis la modification Kiliani, on alimente le bain non plus avec de l'alumine seule, mais avec un mélange d'alumine et de cryolithe, ce qui permet d'employer des courants dont la force électromotrice peut descendre à 10 volts, et, dans ces conditions, le procédé Héroult-Kiliani diffère peu du procédé Minet.

Production. — Nous avons vu, en parlant du procédé Héroult, que la production pouvait atteindre 35 grammes par cheval-heure.

En réalité, ce chiffre est un maximum et, en pratique, la production serait de 20 grammes en moyenne.

Prix de revient. — On compte pour la production de 1 kilogramme d'aluminium (à 98-99,5 pour 100) :

kg	fr
2,200 d'alumine à 0,65.	1,43
0,900 cryolithe à 0,75	0,68
1,600 de charbon d'électrode.	0,56
Main-d'œuvre et direction.	0,56
Force motrice, 56 chev. élect. heure. . .	0,47
Frais généraux	0,30
Prix de revient du kilogramme	4,00

Dans ce prix de revient, on admet que la force motrice hydraulique revient à 50 francs par an et par cheval industriel de 7500 heures minimum, pris sur l'arbre et logé, et que le rendement des dynamos en chevaux électriques est environ de 75 pour 100 [1].

Usine de Froges. — Le procédé Héroult-Kiliani est actuellement exploité par deux usines : l'une à Froges (Isère), et l'autre à Neuhausen, en Suisse.

L'usine de Froges (fig. 24), exploitée par la Société électro-métallurgique française, est située sur le ruisseau des Adrets, à 20 kilomètres de Grenoble.

Elle dispose d'une force hydraulique de 800 chevaux et possède deux turbines de 300 chevaux et une de 100.

Les deux grandes turbines actionnent des dynamos qui peuvent produire chacune 6000 ampères et 15 volts. Ce sont des machines à faible tension et à courants continus.

La turbine de 100 chevaux actionne une excitatrice de 500 ampères et 65 volts ; cette machine sert également à l'éclairage de l'usine.

Un laboratoire très bien installé permet de suivre la fabrication ; on ne soutire pas, à Froges, de métal titrant moins de 97,5 pour 100. Lorsque cette limite est atteinte, on renouvelle le bain.

---

[1] *La Nature*, 15 février 1892.

Fig. 54. — Usine de Froges (Isère). Vue générale des creusets.

L'usine ne livre au commerce que du métal à 98,75-99 pour 100, renfermant comme impuretés :

Silicium.	0,25 à 0,30
Fer	0,25 à 0,30
Divers	0,40

Les électrodes sont fabriquées à l'usine même, à cause du soin qui doit être apporté à ce travail.

D'après les renseignements qui nous ont été donnés personnellement, l'usine de Froges produira environ 50 tonnes de métal en 1893.

La Société électro - métallurgique française a acheté dernièrement une chute d'eau pouvant fournir 30.000 chevaux et qui servira à alimenter une nouvelle usine que la Société va installer à La Praz, près de Modane[1].

Usine de Neuhausen. — La Société suisse qui exploite également le procédé Héroult-Kiliani possède à Neuhausen, près de Schaffhouse, une force motrice hydraulique qui peut aller à 4000 chevaux et elle vient d'acquérir à Rheinfelden, près de Bâle, une nouvelle chute qui lui permettra l'installation d'une seconde usine.

L'usine de Neuhausen n'utilise actuellement qu'une partie de sa force. Les turbines du système Javal

---

[1] Ces renseignements nous ont été donnés par M. Dreyfus, représentant à Paris de la Société électro-métallurgique française.

actionnent trois dynamos qui servent à la fabrication électrolytique de l'aluminium.

Procédé Minet. — Ce procédé a commencé à fonctionner dès 1887. La première installation qui a été faite à Paris était plutôt une installation de recherches, mais en 1888 MM. Bernard transportèrent leur fabrication à Creil où ils produisaient en moyenne 10 kilogrammes d'aluminium pur et 5 à 6 kilogrammes d'aluminium allié par jour,

Encouragés par les résultats de Creil, MM. Bernard installèrent en 1890 une importante usine à Saint-Michel (Savoie) où on utilise la Valloirette, petite rivière qui se jette dans l'Arc à Saint-Michel.

L'usine de Saint-Michel dispose actuellement de 6000 chevaux en totalité, dont 4000 chevaux électriques utiles ; cette force pourra être augmentée suivant les besoins de l'usine.

L'installation a été faite par MM. Bouvier, Hillairet et Joya.

Choix de l'électrolyte. — Les recherches de M. Minet se portèrent d'abord sur le choix de l'électrolyte à employer. Le chlorure et le fluorure d'aluminium dont les points de volatilisation sont voisins des points de fusion, peuvent difficilement être employés parce qu'il est presque impossible de les maintenir à un degré de fluidité suffisant pour que l'électrolyse se fasse dans de bonnes conditions. M. Minet songea alors à utiliser les sels doubles d'aluminium et de sodium. Le premier mélange employé avait la composition suivante :

Chlorure double d'aluminium et de sodium .   40 parties
Chlorure de sodium   60   —

Même avec cet excès de chlorure de sodium le bain était encore trop volatil et instable ; il se dégageait d'abondantes vapeurs qui rendaient les opérations très pénibles. De plus ce bain a l'inconvénient de devenir pâteux à mesure que l'aluminium est réduit.

M. Minet s'arrêta alors à la composition suivante qui lui avait donné de bons résultats :

Fluorure double d'aluminium et de sodium .   40 parties
Chlorure de sodium   60   —

Ce bain répond à la formule :

$$6NaCl + Al^2Fl^3, 3NaFl$$

Son point de fusion est de 675 degrés. Il n'émet de vapeurs sensibles que vers 1000 degrés. Or, à 800 degrés la fluidité est suffisante pour que l'électrolyse s'effectue dans de bonnes conditions.

Alimentation du bain. — L'alimentation du bain se fait avec un mélange d'alumine, de cryolithe et d'oxyfluorure d'aluminium. Dans l'électrolyse du fluorure il se dégage en effet du fluor au pôle positif et si l'on ajoute une quantité suffisante d'alumine celle-ci se combine au fluor et régénère du fluorure.

$$Al^2O^3 + 3Fl = Al^2Fl^3 + O^3$$

En réalité il y a toujours des pertes de fluor et c'est pour maintenir la composition du bain constante que M. Minet ajoute du fluorure d'aluminium. Le mélange qui sert à alimenter a généralement la composition suivante :

Alumine hydratée . . . . $6(Al^2O^3 3HO) = 416$
Cryolithe . . . . . . $Al^2Fl^3,3NaFl = 210$
Oxyfluorure . . . . . $Al^2Fl^3,3Al^2O^3 = 238$

Mais il est parfois nécessaire de modifier ces proportions d'après la composition du bain ; aussi doit-on fréquemment vérifier cette composition.

M. Minet a établi un procédé d'essai rapide qui consiste à dissoudre une prise d'essai dans un poids d'eau convenable. Si le poids du chlorure de sodium n'excède pas le dixième de l'eau, il suffira de prendre avec un densimètre la densité du liquide qui ne renferme que du chlorure de sodium dont la quantité se sera donnée par la formule :

$$d = 1 + 0,75X$$

Par différence on aura le poids de fluorure.

Appareil Minet. — Cet appareil se compose essentiellement d'une cuve parallélipipédique en fonte dans laquelle on fond le mélange de sels à électrolyser. Cette cuve est chauffée par un foyer extérieur. Afin d'éviter la corrosion des parois qui serait rapide et qui aurait en outre l'inconvénient d'introduire des impuretés dans l'aluminium, M. Minet a imaginé un dispositif ingénieux qui consiste à mettre la cuve en dérivation sur l'électrode négative de façon que les parois internes de la cuve soient continuellement recouvertes d'une légère couche d'aluminium qui les protège.

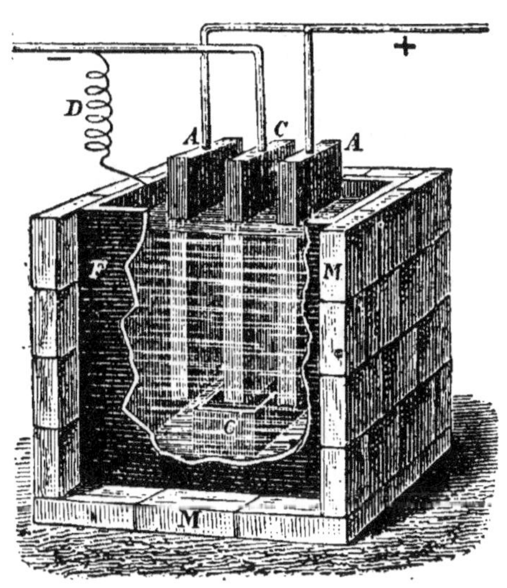

Fig. 25. — Appareil Minet.

Les électrodes sont en charbon aggloméré, et sous l'électrode négative se trouve une cuve en charbon destinée à recevoir le métal fondu qui s'écoule de cette électrode.

Avec le procédé Minet on consomme par kilogramme de métal 2 kilogrammes d'alumine anhydre et $1^{kg},500$ de fluorure. Ces matières renferment à peu près 1^{kg},25 d'aluminium ; on recueille donc 60 pour 100 du métal contenu dans les matières premières.

On consomme près de 1 kilogramme de charbon des électrodes pour 1 kilogramme de métal.

Conditions de marche. — La différence de potentiel entre les deux électrodes varie de 4 à 6 volts ; l'intensité du courant peut aller jusqu'à 1 ampère par centimètre carré de surface d'anode et jusqu'à 2,5 pour la même fraction de surface de cathode. Il se dépose environ 30 grammes de métal par cheval-heure. L'effet utile est de 35 pour 100 environ lorsqu'on marche à 6 volts et le rendement mécanique d'environ 30 pour 100.

Fractionnement de l'électrolyse. — D'après M. Minet, on pourrait fractionner l'électrolyse du bain en le soumettant à des forces électromotrices croissantes de façon à séparer le fer et le silicium de l'aluminium. M. Minet a en effet obtenu les résultats indiqués dans le tableau ci-dessous en partant de la force électromotrice minima nécessaire pour la décomposition du fluorure de fer.

Métal déposé	Force électromotrice en volts
Fer	0,54
Fer (traces de silicium)	0,75
Ferro-silicium	1,37
— (traces d'aluminium)	1,54
Silico-aluminium (traces de fer)	1,74
Aluminium (traces de silicium)	2,15
— pur (traces de sodium)	2,50

Ainsi, on pourrait peut-être employer le procédé Minet au traitement direct des bauxites; il faudrait pour cela avoir un débouché suffisant pour le ferro-aluminium et le silico-aluminium que l'on obtient dans ces conditions et il y aurait intérêt à employer pour cette fabrication des bauxites ferrugineuses plutôt que silicieuses.

Procédé Hall. — Le procédé Hall qui est actuellement employé par la Pittsburg Reduction C° en Amérique et par les usines Patricroft, près de Manchester, se rapproche du procédé Minet.

Le creuset Hall, qui est chauffé par un foyer extérieur comme la cuve électrolytique de M. Minet, se compose d'un vase en fonte doublé de charbon formant cathode. L'anode est également en charbon.

M. Hall emploie un mélange de fluorure de calcium et de fluorure d'aluminium.

169 parties de fluorure d'aluminium
78   —   —   de calcium

Ce bain correspond à la formule :

$$Al^2CaFl^4$$

Comme la densité de ce bain est supérieure à la densité de l'aluminium, le métal remonte à la surface. Pour éviter cet inconvénient, M. Hall conseille d'abaisser la densité du bain en y ajoutant par exemple deux tiers de son poids de fluorure double de potassium et d'aluminium.

L'aluminium du creuset est refondu dans des creusets en graphite. Après cet affinage le métal a la composition suivante :

Aluminium.	98,52
Silicium	1,12
Fer	0,05
Cuivre	0,03
Plomb	0,01

La différence de potentiel entre les électrodes varie de 7 à 8 volts et l'alimentation du bain se fait avec de l'alumine.

La Pittsburg Reduction C° dispose de deux paires de dynamos Westinghouse. Les deux grandes, couplées en quantité, débitent 5000 ampères et 50 volts et alimentent 5 bains en série : les deux petites, couplées de la même façon, débitent 5000 ampères et 25 volts et desservent deux bains.

Prix de revient

Le métal à 98-99,5 reviendrait à 3^{fr},60 le kilogramme.

Alumine 2 kilogrammes, à 0,65 . . .	1,30
Charbon 1,400 à 0,56.	0,775
Bain électrolytique, 0^{kg},375 à 0,47. . .	0,175
Main-d'œuvre et direction	0,56
Force motrice, 48 chev. élect. heure . .	0,40
Frais généraux pour 100 tonnes par an .	0,39
	3,600

Procédé Douglas-Dixon. — L'appareil dont se sert M. Douglas-Dixon se compose d'un creuset en plombagine formant électrode négative. Ce creuset qui est chauffé par une grille est surmonté d'une sorte de cornue traversée par l'électrode positive, Cette cornue renferme un mélange de charbon d'alumine et de chlorure de sodium ; elle communique par le haut avec un condenseur recevant l'oxyde de carbone et les chlorures volatiles qui se dégagent dans les réactions.

L'électrode positive pénètre dans le creuset par une gaine poreuse percée de trous. Les gaz partent par des trous ménagés dans le couvercle du creuset et vont se dégager dans la cornue.

Le mélange que l'on introduit dans le creuset se compose de :

    35 parties de chlorure de magnésium
    25   —   —   potassium
    40   —   —   sodium

On ajoute 5 pour 100 de fluorure d'aluminium.

Dans la cornue, on met un autre mélange de chlorure de sodium, de charbon et d'alumine.

On fond le mélange du creuset dont la température de fusion est environ de 800 degrés, et on fait passer le courant qui varie entre 6 et 8 volts.

Il est facile de se rendre compte des réactions. Sous l'influence du courant, il se forme du magnésium qui vient à la surface du bain métallique et du chlore qui vient former du chlorure double dans la cornue.

$$Al^2Cl^3,3NaCl + 3Mg = 2Al + 3MgCl + 3NaCl$$

M. Douglas-Dixon a apporté différentes variantes à son procédé.

Une disposition spéciale permet l'emploi d'une électrode négative indépendante.

Dans une autre disposition, le mélange d'alumine et de charbon n'est séparé du bain que par une paroi poreuse, de sorte que le chlorure d'aluminium formé va se réduire dans le creuset.

On peut aussi obtenir l'aluminium par l'action du magnésium sur l'alumine. Le bain se compose de quatre-vingt-quinze parties de chlorure de magnésium pour soixante-quinze parties de chlorure de potassium avec 6 à 7 pour 100 de fluorure comme fondant. La cornue renferme de l'alumine. Il se produit de l'aluminium qui tombe au fond de la cornue et la magnésie qui s'est formée redonne dans le creuset du chlorure de magnésium suivant les réactions.

$$3Mg + Al^2O^3 = 3MgO + 2Al$$
$$3MgO + 3Cl = 3MgCl + 3O$$

Procédé Graetzel. — M. Graetzel applique son procédé à la fabrication des métaux alcalins ou à celle de l'aluminium. Il emploie le chlorure ou le fluorure d'aluminium et fait arriver dans l'appareil un courant de gaz réducteurs. Une disposition spéciale permet d'extraire le corps halogène chlore ou fluor qui se dégage à l'électrode positive.

Procédé Kleiner. — M. Kleiner est un des premiers qui ait songé à extraire l'aluminium de la cryolithe par électrolyse.

La cryolithe en poudre est mise au fond du creuset. On dispose d'une façon convenable deux électrodes, de façon à obtenir un arc qui fera fondre la cryolithe et la décomposera en ses éléments.

Procédé Faure. — Ce procédé, basé sur l'électrolyse par fusion ignée du chlorure d'aluminium, permettrait, d'après l'inventeur, d'obtenir le métal à un prix extraordirairement bas. M. Faure parle de $0^{fr},35$ le kilogramme.

Nous avons eu l'occasion de parler de la fabrication du chlorure par le procédé Faure; nous n'y reviendrons pas.

Il y a théoriquement avantage à électrolyser le chlorure plutôt que le fluorure d'aluminium. Il faut, en effet, un tiers de moins de force motrice, pour décomposer le premier de ces deux sels.

Le chlore qui se dégage au pôle positif est recuilli et sert à fabriquer du chlorure de chaux et comme il se dégage 4 kilogrammes de chlore par kilogramme de métal isolé, on voit que ce sous-produit est fort intéressant.

C'est en tirant parti du chlorure de chaux que M. Faure arrive au prix de revient de $0^{fr},35$ pour l'aluminium.

Prix de revient. — Le kilogramme de métal reviendrait à $2^{fr},15$ dont il faut déduire $1^{fr},80$, prix minimum de vente appliqué aux 12 kilogrammes de chlorure de chaux produits en même temps que le métal.

Difficultés du procédé. — Ce procédé, qui semble si avantageux, n'a cependant pas encore été appliqué, probablement à cause des difficultés qui se présentent dans le cours de la fabrication.

D'abord, il est impossible de soumettre à l'électrolyse du chlorure d'aluminium seul, parce qu'il se distille à 250 degrés, alors qu'il fond à 200 degrés ; l'écart est trop faible. Pour tourner la difficulté, M. Faure ajoute du sel marin qui forme du chlorure double. M. Minet, qui a étudié l'électrolyse des sels d'aluminium, dit que, même dans ces conditions, l'opération est très difficile, à cause de la volatilité du chlorure double. De plus, la composition du bain ne reste pas constante et l'électrolyse se fait mal.

Procédé Berg. — Ce procédé a été décrit dans le journal *la Métallurgie* auquel nous empruntons la description du procédé.

Le procédé est particularisé en ce qu'il opère sans emploi de chaleur et par l'action seule de l'électricité

combinée pendant l'opération avec une quantité suffisante de nitrate de soude ou de potasse.

Le courant électrique à employer doit être de faible
tension et de grande intensité, ne dépassant jamais
50 volts, mais ayant de 1000 à 10.000 ampères
d'intensité.

L'opération se conduit de la manière suivante :
dans un creuset en plombagine, entre deux électrodes
de charbon dense et bon conducteur, placer un
mélange de poussière de coke ou de charbon, d'azotate de soude ou de potasse, de sulfure de potassium
ou de sodium et d'une matière alumineuse, par
exemple la cryolithe, la bauxite, le sulfate d'alumine
l'argile crue, le kaolin, l'émeri, etc.; ces diverses
matières doivent être finement pulvérisées et intimement mélangées.

Sous l'action du courant électrique indiqué ci-
dessus, grâce à la bonne conductibilité du mélange,
les corps aluminifères se fondent et déposent sur le
pôle négatif de l'aluminium métallique se maintenant
à l'état de fusion, et dont la présence à l'état liquide
joue le rôle de volant de chaleur. Les métaux étrangers et le silicium produits par l'emploi des argiles
et des briques sont brûlés par les azotates et dispa-
raissent à l'état d'oxydes.

Afin d'obtenir un aluminium pur à 99 pour 100,
il est nécessaire d'employer des vases en chaux,
magnésie ou plombagine; si l'opération était effectuée

dans un creuset en briques, l'emploi de l'azotate éliminerait le silicium d'une manière complète.

Procédé Falk et Schaag. — Ce procédé permettrait d'obtenir des alliages par électrolyse d'une dissolution saline. Nous empruntons au *Génie civil*, du 3 août 1889, la description du procédé :

Dans le procédé de MM. Falk et Schaag, on électrolyse une solution alcaline saturée d'un sel d'aluminium, en présence d'un acide organique non volatil en employant comme anode le métal à allier à l'aluminium. L'électrolyte peut être additionné du cyanure de ce métal.

Voici, d'après leur brevet, la préparation d'un alliage cuivre-aluminium :

Pour obtenir une solution aussi concentrée que possible d'oxyde d'aluminium dans l'alcali, on dissout de l'hydrate d'alumine dans un acide quelconque, sulfurique, chlorhydrique, acétique, oxalique, citrique ou tartrique, et on charge le bain en y faisant dissoudre encore de l'aluminium métallique jusqu'à refus, avec ou sans l'intervention du courant électrique.

A cette dissolution, on ajoute, si l'on n'en a pas fait usage déjà, de l'acide citrique ou tartrique, dans le but d'empêcher la précipitation de l'alumine par l'alcali.

Pour neutraliser, on prend un hydrate ou un carbonate alcalin, potasse, soude ou ammoniaque, et on augmente la conductibilité du bain en ajoutant encore un nitrate, phosphate ou borate alcalin.

D'un autre côté, on dissout jusqu'à refus un sel de cuivre, tel que sulfate, nitrate, chlorure, acétate, sous-carbonate, carbonate, oxyde, cyanure, etc., dans une solution concentrée de cyanure de potassium ou de sodium, alcalinisée par l'ammoniaque ou un carbonate alcalin.

La solution alcaline de cuivre est mélangée avec le double de son poids environ de la liqueur aluminique ci-dessus, et pour 100 litres de ce mélange, on ajoute encore 1 kilogramme environ de nitrate ou de phosphate de potassium, de sodium ou d'ammonium.

En soumettant cette liqueur à l'électrolyse, avec une anode en cuivre, on obtient un alliage d'aluminium et de cuivre, dont la couleur fonce de plus en plus, au fur et à mesure que le dépôt s'enrichit de ce dernier métal. Afin d'obtenir un alliage en proportions à peu près constantes, lorsque l'on reconnaît à la coloration du dépôt que le point convenable est atteint, il faut éloigner l'anode de cuivre ou mieux affaiblir et régler son action. Dans ce but, on isole l'anode au moyen d'une cloison poreuse, qui plonge dans le bain. L'intervalle entre la plaque de cuivre et les parois doit, naturellement, être rempli avec un liquide conducteur, soit avec le bain lui-même, soit avec la solution de cyanure de cuivre.

On arrive, de cette manière, à ne dissoudre de cuivre dans le bain, par diffusion à travers la cloison poreuse, que juste autant qu'il en faut pour maintenir la composition de l'électrolyte et régler, par suite, les proportions de l'alliage qui se sépare.

Afin d'atteindre le même résultat, quant à la proportion d'uluminium, on ajoute de temps à autre une quantité convenable d'un sel d'aluminium.

On peut se dispenser d'ajouter au bain d'alumine un sel cuivrique et se contenter d'apporter ce métal comme tel sous forme d'anode. Dans ce cas, il est nécessaire d'ajouter, à la solution d'alumine préparée comme ci-dessus, un excès d'alcali caustique ou carbonate : mais alors il faut employer une paroi poreuse pour séparer l'anode formée par le métal qui doit se déposer allié à l'aluminium, d'avec la portion principale de l'électrolyte

CHAPITRE VII

ALLIAGES

On peut considérer deux sortes d'alliages : ceux
dans lesquels domine l'aluminium et ceux dans lesquels l'aluminium n'entre que pour une faible proportion. On a donné aux premiers le nom d'*alliages
légers* et aux autres le nom d'*alliages lourds.*

Jusqu'à ce jour, les derniers seuls ont eu une
importance industrielle, bien qu'une foule de cher-

cheurs aient depuis longtemps déjà porté leur
attention sur les alliages légers.

Alliages légers.

La question des alliages légers est fort intéres-
sante au point de vue pratique. Nous avons vu en
effet, en étudiant les propriétés mécaniques de l'aluminium, que ce métal recuit avait une résistance de
14 kilogrammes environ par millimètre carré ; or, si
l'on pouvait, par l'addition d'une faible quantité d'un
métal étranger, augmenter cette résistance et donner
en même temps à l'alliage un peu de dureté, il serait
avantageux, au point de vue de la légèreté, de substituer cet alliage au fer ou même à l'acier, au moins
dans bien des applications où la valeur du métal
chiffre peu sur le prix de l'objet fabriqué. Il y aurait
encore un autre avantage à cette substitution ; nous
voulons parler de l'inoxydabilité.

Pour ne parler que d'une application, nous rappellerons qu'un constructeur de vélocipèdes a
fabriqué dernièrement quelques appareils en aluminium ; malheureusement le peu de résistance du
métal et surtout son manque d'élasticité limite son
emploi dans ce genre de machines.

Cette application par exemple prendra une extension énorme le jour où on aura trouvé l'alliage désiré.

Nous croyons que cette question n'est pas insoluble, car de grands progrès ont déjà été faits dans cette voie. Nous avons eu entre les mains un alliage léger dont la densité était sensiblement la même que celle de l'aluminium pur et qui, tout en se prêtant très bien à toutes les manipulations, donnait une résistance de 20 kilogrammes par millimètre carré avec 12 pour 100 d'allongement.

Fabrication des alliages légers. — Pour certains alliages, l'opération est facile puisqu'il suffit de fondre les métaux en proportions convenables ; c'est ainsi que l'on peut fabriquer les alliages au cuivre, au zinc, à l'étain, etc., etc., en fondant d'abord le métal le moins fusible et ajoutant le métal à allier.

Ce procédé ne saurait être employé pour certains métaux soit à cause de leur point de fusion élevé, ce qui ne serait à la rigueur qu'une difficulté facile à vaincre, soit à cause de la difficulté que l'on éprouve à obtenir ces métaux à l'état métallique : les alliages au chrome, au manganèse, au titane, au tungstène sont dans ce cas.

Voici un procédé qui nous a toujours donné de bons résultats au laboratoire.

On fond dans un creuset en graphite un mélange de cryolithe et d'oxyde du métal que l'on veut allier. Lorsque le bain est à une température voisine du rouge-blanc, on ajoute l'aluminium et on brasse énergiquement; un dégagement de chaleur se produit et presque aussitôt l'opération est terminée.

On coule alors le contenu du creuset dans une lingotière en fonte et on sépare le métal des scories qui pourront être utilisées dans une nouvelle opé-ration.

Il faut, si l'on veut obtenir un bon alliage, prendre quelques précautions : éviter de se servir d'une tige de fer pour brasser le bain et choisir avec soin les creusets qui doivent être aussi pauvres que possible en argile.

Ce procédé, facile à manier avec un peu d'habi-tude, permet difficilement d'obtenir en première fusion un alliage à un titre déterminé; il vaudra mieux faire d'abord un alliage riche en métal étranger, qui constituera une espèce de fonte. Cette fonte, dont la teneur sera déterminée exactement par l'analyse, servira à la fabrication ultérieure des alliages.

Si l'on voulait fabriquer en grand ces alliages, il serait plus économique, croyons-nous, de les obtenir directement en mélangeant au bain à électrolyser une certaine quantité d'oxydes métalliques.

Quel que soit le procédé de fabrication employé, il faut, si l'on veut obtenir des alliages homogènes, les refondre plusieurs fois avant de les remettre en œuvre.

Alliages lourds.

Ces alliages sont actuellement très employés sous les noms de bronzes et laitons d'aluminium, ferro-aluminium. La fabrication des bronzes et des laitons est simple, puisqu'il suffit de mélanger les métaux à allier.

Nous avons vu que, dans les procédés Cowles et Héroult, on obtenait directement des alliages lourds d'aluminium. On obtient généralement ainsi un alliage assez riche que l'on refond avec la quantité de métal suffisante pour obtenir le titre désiré.

Nous allons passer en revue les principaux alliages qui ont été essayés. Nous n'avons pu trouver que très peu de renseignements sur les essais mécaniques de ces alliages ; les quelques chiffres que nous donnerons sont pour la plupart des résultats obtenus au laboratoire de M. Le Verrier, au moins en ce qui concerne les alliages légers.

Alliages divers

Aluminium-Or. — MM. Tissier ont établi que l'on pouvait allier jusqu'à 10 pour 100 d'or à l'aluminium sans que ce dernier métal perde de sa malléabilité.

Cet alliage a une couleur tirant un peu sur le brun.

L'alliage connu sous le nom de *Nurnberg Gold*, employé dans la fabrication des bijoux de fantaisie, a la couleur de l'or et résiste très bien aux agents atmosphériques. Sa composition est la suivante :

Cuivre	90 »
Or.	2,50
Aluminium	7,50
	100 »

Aluminium-Argent. — Ces alliages sont préparés en fondant ensemble les deux métaux. Une petite quantité d'argent dans l'aluminium semble améliorer ses propriétés mécaniques; elle le rend plus blanc et apte à recevoir un plus beau poli.

Avec 5 pour 100 d'argent, l'aluminium serait encore aussi malléable que le métal pur. Sa densité est alors 2,80. On a essayé d'appliquer cet alliage à la fabrication de certains objets d'orfèvrerie.

M. Carrol emploie un alliage composé de :

Aluminium.	90 à 93
Argent	9 à 6
Cuivre	1

Cet alliage se prête, paraît-il, très bien à la gravure. L'addition de cuivre a pour but, d'après M. Caroll, de donner au métal un grain plus serré.

A partir de 10 pour 100 d'argent, les alliages deviennent cassants ; cependant, on a employé sous le nom de *Tiers Argent* un alliage composé de 2/3 d'aluminium et 1/3 d'argent qui pouvait s'estamper et se graver plus facilement que les alliages d'argent et de cuivre.

M. Minet a obtenu les résultats suivants dont il est difficile de tirer une conclusion à cause du petit nombre des essais :

COMPOSITION				TRAVAIL	RÉSIST.	ALLONG.
Aluminium	Silicium	Fer	Argent			
97,4	0,1	0,4	2,1	coulé	7^{kg} »	0,71
97,7	0,1	0,4	1,8	—	8^{kg},5	5,70

Aluminium-Cuivre. — Les deux métaux s'allient facilement et en toutes proportions. Une très faible quantité de cuivre donne à l'aluminium un grain plus compact (fig. 26) et une teinte plus blanche.

L'alliage à 10 pour 100 de cuivre a une cassure soyeuse (fig. 27).

Le cuivre augmente un peu la dureté et la ténacité de l'aluminium. Sainte-Claire Deville avait reconnu que l'alliage à 2 ou 3 pour 100 de cuivre se travaille beaucoup mieux au burin que l'aluminium, et, dès 1862, M. Christophle exposait à Londres des statuettes en alliage à 1 pour 100 de cuivre.

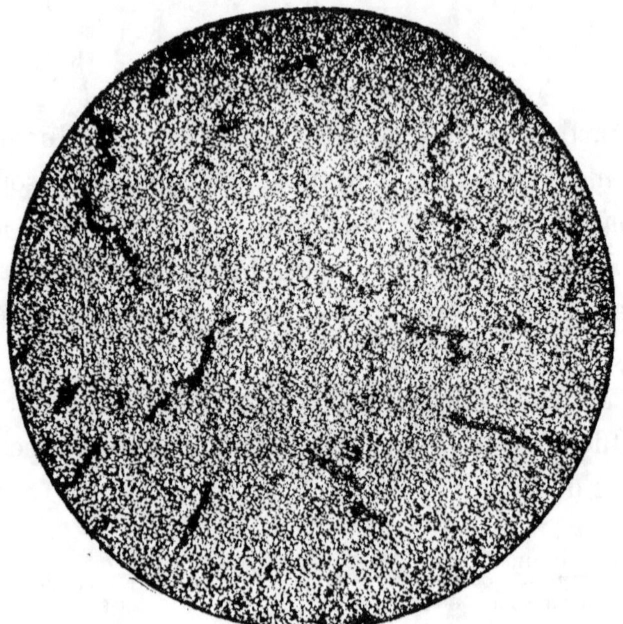

Fig. 26. — Alliage d'aluminium 98, cuivre 2.

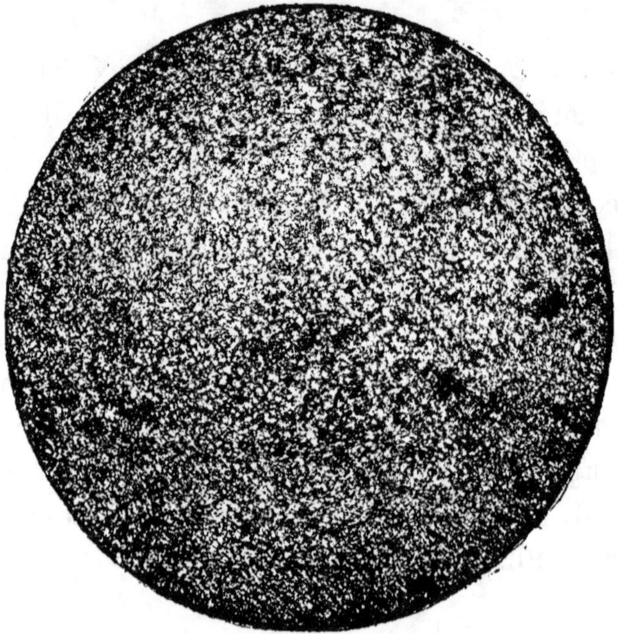

Fig. 27. — Aluminium 90, cuivre 10 (Guillemin).

9.

Alliage de Froges.

Jusqu'à une teneur de 6 à 7 pour 100 de cuivre, les alliages, tout en devenant de plus en plus cassants peuvent cependant être travaillés. L'usine de Froges fabrique un alliage à 6 pour 100 qui se lamine relativement bien et qui donne en moyenne, parait-il, 17 kilogrammes de résistance avec 17 pour 100 d'allongement.

Quelques résultats nous ont été communiqués.

	Résistance kg	Limite d'élasticité	Allongement
N° 1 écroui . .	24 »	4,185	2,5
N° 2 recuit . .	17,87	4,12	11 »
N° 3 recuit . .	18 »	4,20	15,5
N° 4 écroui . .	25 »	4,07	3,5

Vers 30 à 40 pour 100 de cuivre, les alliages deviennent très cassants, et, à 50 pour 100, ils se pulvérisent sous le marteau. A partir de 80 pour 100, les alliages deviennent jaunes et la teinte, d'abord très faible, augmente avec la teneur en cuivre, et ils ne deviennent malléables qu'à partir de 90 pour 100 de cuivre.

Deville explique ce changement de teinte et dit qu'il doit se produire à 82 pour 100 de cuivre, parce qu'à cette teneur l'alliage correspond à la formule définie Cu²Al.

Les chiffres qui suivent ont été obtenus par M. le capitaine Julien, au parc aérostatique de Meudon. Les essais ont été faits sur des feuilles d'un millimètre d'épaisseur.

COMPOSITION		RÉSISTANCE
Aluminium	Cuivre	par millimètre carré
		kg
100	0	18,7
98	2	30,7
96	4	31,1
94	6	38,6
92	8	39,5

L'allongement à la rupture était pour tous ces alliages laminés d'environ 3 pour 100. M. Minet a obtenu des chiffres qui ne concordent pas très bien avec les précédents, mais il faut tenir compte que ses essais ont été faits sur des alliages coulés ou martelés et que, sur ces derniers, l'écrouissage a été faible.

Influence du silicium. — Les essais de M. Minet sont intéressants, parce qu'ils montrent l'influence du silicium et du fer sur les alliages.

COMPOSITION				Nature du travail	Résistance à la rupture	Allongem.
Alumin.	Fer	Silicium	Cuivre		kg	pour 100
97,50	0,18	0,31	2	coulé	16 »	18,30
				martelé	15,4	15 »
95,86	1,57	1,57	2	coulé	15,7	4,3
				martelé	18,8	6,7
95,60	1,04	1.41	2	coulé	17,47	7,94
87,71	1,57	8,72	2	coulé	5,5	0
				martelé	9,4	0

Fusibilité des alliages. — M. Le Verrier a étudié, au moyen du pyromètre Le Châtelier, les points de fusion des différents alliages d'aluminium et de cuivre et il a remarqué que ces points de fusion étaient inférieurs à celui de l'aluminium pur jusqu'à une teneur de 62,5 pour 100 de cuivre.

COMPOSITION				TEMPÉRATURE de fusion
Aluminium	Silicium	Fer	Cuivre	degrés
100				625
97,75	1,50	0,75	0	619
90	1,40	0,70	8	587
89	1,35	0.68	10	578
83	1,28	0.64	15	573
78,20	1,20	0,60	20	528
73,30	1.13	0,56	25	553
65,50	1,00	0,50	33	527
58.70	0.90	0,45	40	535
48.90	0.75	0,38	50	553
36,70	0,56	0.28	62.50	545
29,30	0,45	0,23	70	692

COMPOSITION				TEMPÉRATURE
Aluminium	Silicium	Fer	Cuivre	de fusion
22	0,34	0,17	77,50	694
19,60	0,30	0,15	80	947
12,20	0,19	0,09	87,50	974
9,80	0,15	0,07	90	1,029
7,30	0,11	0,05	92,50	1,000
4,90	0,08	0,04	95	1,030
			100	1,054

Bronzes et laitons.

Les bronzes et les laitons d'aluminium ou alliages lourds sont employés depuis longtemps, à cause de leurs qualités mécaniques. Ils sont, de plus susceptibles d'acquérir un très beau poli qui résiste assez bien aux agents atmosphériques. Suivant la quantité alliée, on obtient des bronzes de couleurs différentes.

L'alliage renfermant 7,5 pour 100 d'aluminium a la couleur de l'or ; l'*Aluminium Company* a pu dorer, avec cet alliage, le bois de la vitrine qu'elle occupait à l'Exposition de 1889.

Dans la pratique, on ne dépasse guère 10 à 11 pour 100 d'aluminium. Un bronze à 19 pour 100 d'aluminium est très cassant et se polit très difficilement ; la cassure qui, dans cet alliage, est à grains fins (fig. 28), tend à devenir cristalline à mesure que la proportion de cuivre augmente.

FIG. 28. — Bronze à 19 pour 100 d'aluminium (Guillemin).

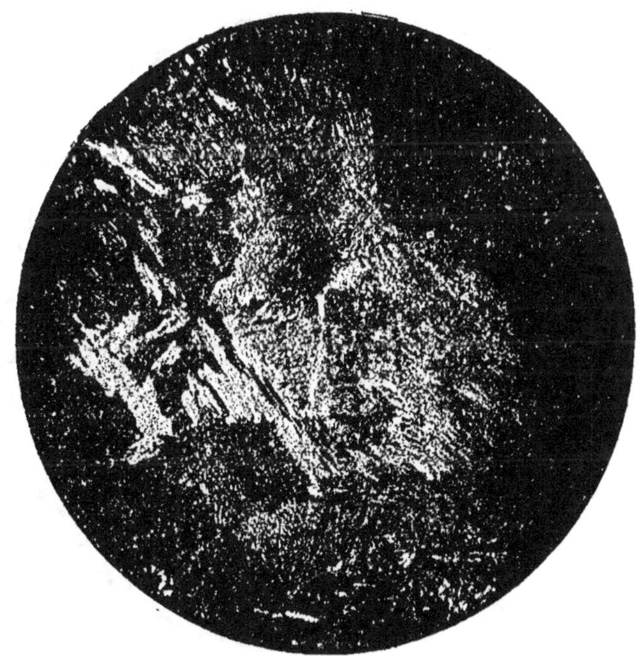

FIG. 29. — Bronze à 15.5 pour 100 d'aluminium (Guillemin).

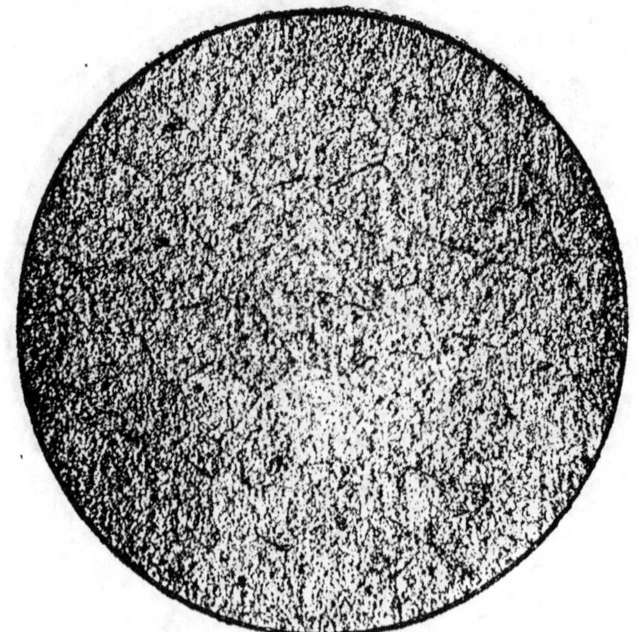

FIG. 30. — Bronze à 10 pour 100 d'aluminium (Guillemin).

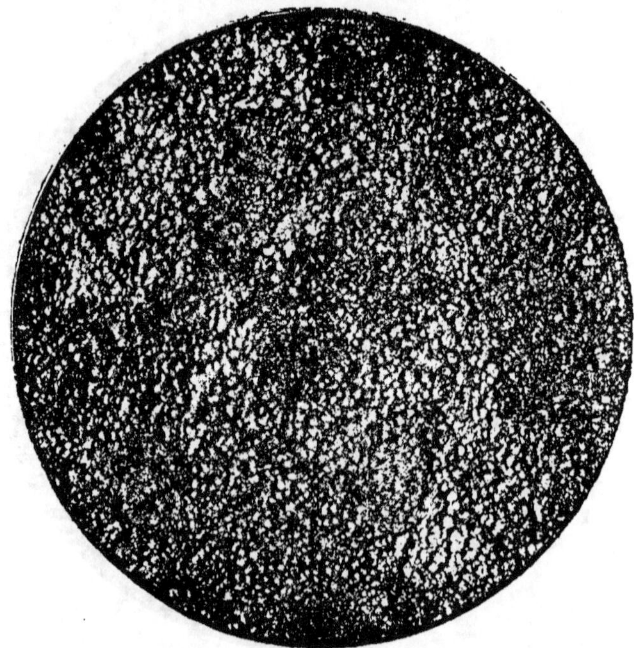

FIG. 31. — Alliage à 7,5 pour 100 d'aluminium (Guillemin).

Les figures 29 et 30 montrent bien la cristallisation des alliages à 15 et 10 pour 100. Ce dernier, dont on remarquera l'homogénéité de la casssure, se travaille facilement soit à froid, soit à chaud.

A mesure que la proportion de cuivre augmente, la cristallisation devient moins visible. A **7,5** pour 100, elle disparaît (fig. 31) et l'alliage devient plus dur et plus résistant.

Toutes ces photographies ont été obtenues par M. Guillemin qui a bien voulu nous les communiquer, ce dont nous le remercions bien sincèrement.

BRONZES

Les bronzes d'aluminium servent à la fabrication des instruments d'optique, des coussinets de machines, etc. Depuis vingt-quatre ans environ, l'église Saint-Germain-des-Prés, à Paris, possède douze candélabres de 2 mètres de hauteur ; ces pièces n'ont pas subi d'altération sensible : la composition de l'alliage était :

> Cuivre 95
> Aluminium 5

Les bronzes renfermant environ 2,5; 5; 7 1/2; 10 pour 100 d'aluminium semblent correspondre à des combinaisons définies qui répondraient aux formules suivantes :

Cu^4Al . . . . . 9,61 pour 100 d'aluminium
Cu^8Al 5,05   —   —
$Cu^{16}Al$ 2,59   —   —

Lorsqu'on ajoute l'aluminium au cuivre en fusion, on observe une élévation de température et ce dégagement de chaleur a été interprété par certains auteurs comme une preuve de plus de combinaison chimique.

M. Kiliani pense que le dégagement de chaleur n'est pas dû uniquement à la combinaison chimique, mais bien à la réaction de l'aluminium sur l'oxydule de cuivre que renferment toujours les cuivres du commerce. Voici les raisons qu'il en donne[1] :

« Lorsqu'on ajoute aux 90 pour 100 de cuivre les 10 pour 100 d'aluminium, non en une fois, mais en plusieurs fois, il y a d'abord une grande élévation de température ; les dernières portions donnent lieu à un abaissement de température, par absorption de la chaleur latente de fusion.

« Or, tout cuivre de commerce contient de l'oxydule et quand on le fond la proportion d'oxydule en est augmentée. C'est lui que l'aluminium métallique réduit et l'oxydation de l'aluminium qui en résulte se fait avec un dégagement énorme de chaleur qui suffit à expliquer le phénomène dont il est question au moins pour une grande partie.

« Supposons, par exemple, que le cuivre fondu

---

[1] Wickersheimer, *L'Aluminium et ses Alliages.*

contienne 0,45 pour 100 d'oxygène, de façon que les 100 kilogrammes de métal contiennent $4^{kg},02$ d'oxydule. La décomposition de celui-ci exige 1146 calories. D'autre part l'oxygène qui s'en dégage se combine avec $0^{kg},507$ pour former Al^2O^3, suivant la formule :

$$3Cu^2O + Al^2 = 3Cu^2 + Al^2O^3$$

qui en se formant dégage 3300 calories. Il y a donc un excédent de

$$3,300 - 1,146 = 2,154 \text{ calories}$$

« Or, il faut 0,1 calorie pour élever d'un degré 1 kilogramme de cuivre, et par conséquent dix calories pour les 100 kilogrammes dont il est question.

« Donc, 2154 calories élèveront la température de 215 degrés, quantité suffisante pour expliquer l'échauffement que l'on constate. »

Résistance à l'eau salée. — Les bronzes résistent bien même à l'eau salée et aux émanations sulfurées.

Au laboratoire de l'usine de Neuhausen, on a fait séjourner pendant quatorze heures des plaques de différents alliages dans une solution renfermant 3 pour 100 de chlorure de sodium et 4 pour 100 d'acide acétique. L'usure proportionnelle a été :

Bronze à 10 pour 100 exempt de Si	1,0
— — Al, 2,8 pour 100 Si . .	2,1
Laiton, 3,5 pour 100 Al.	4,4
Bronze phosphoreux	32.0

Les mêmes alliages dans l'eau de mer ont donné :

Bronze, 10 pour 100 Al.   1
     —   —   Al, 2,8 pour 100 Si . .   39
Laiton, 3,5 pour 100 Al.   101
Bronze phosphoreux   116

Ténacité des bronzes. — Les bronzes d'aluminium présentent des avantages tout particuliers de résistance ; certains d'entre eux sont aussi tenaces que l'acier ordinaire.

Les chiffres suivants extraits d'une brochure de M. Kiliani montrent les résistances comparatives des différents alliages usuels.

ALUMINIUM	DENSITÉ	RÉSIST. à la rupture par m, m²	POIDS à égalité de résistance	SECTION en m/m² pour 100 k de résist.
Bronze d'alum. 5 0/0	8,15	50	1,33	2,00
— — . 7,5	7,85	60	1,12	1,66
— — . 10 fondu	7,65	65	1,00	1,31
Laiton d'alum. 1 fondu	8,35	40	1,78	2,50
— — . 3,3 fondu	8,33	65	1,09	1,54
Bronze des can. (8 0/0 étain)	8,90	30	2,54	3,33
Laiton ordinaire laminé. .	8,38	22	3,24	4,35
Cuivre laminé.	8,90	22	3,41	4,55
Bronze phosph. (0,38 Ph).	8,46	30	2,39	3,33

Dès 1858, M. Le Châtelier faisait des essais de résistance sur les bronzes d'aluminium. Les alliages étaient coulés en tubes de 10 milimètres de diamètre ; ils donnèrent les chiffres suivants :

Aluminium pour 100	Charge de rupture par millimètre carré kg
10	58,36
10	55,35
8	33,18
5	32,20
5	31,43

Voici les résultats des essais faits à Lockport par M. Cowles.

COMPOSITION				MODE de travail	RÉSIST. à la rupture par m/m²	LIMITE d'élasticité	ALLONG. pour 100
Cuivre	Alum.	Zinc	Silic.				
Bronz.							
89	10	»	1	coulé	67·10	49,0	0,5
89	10	»	1		50,90	23,2	3,5
89	10	»	1	forgé au rouge.	57.40	26,7	5,2
89	10	»	1	forgé au rouge	61,50	28,8	2,0
89	10	»	1	coulé en sable.	61,50	»	17,0
89	10	»	1	coulé en sable.	58,90	»	35,5
91,75	7,5	»	0,75	coulé en coquil.	49,00	15,1	32,8
91,75	7,5	»	0,75	coulé en coquil.	47.80	16,8	13,3
91,75	7,5	»	0,75	coulé en coquil.	42,80	12,6	26,2
Laiton							
71.25	3,75	25,	»	coulé en coquil.	44,60	15,10	11,2
63,33	3,33	33,33	»	fondu.	53,90	33,00	3,5
63,33	3,33	33,33	»	fondu.	58,20	13,30	3,33

Ces résultats ne sont pas très concordants ; il est difficile d'en conclure une résistance moyenne. Les chiffres suivants obtenus à l'usine de Milton qui ont été publiés dans la revue universelle de Liège, en octobre 1889, sont plus réguliers :

COMPOSITION			Résistance à la rupture par millimètre carré	Allongement pour 100
Aluminium	Silicium	Cuivre	kg kg	
10 à 11	1 à 2	89 à 87	70,9 à 78,75	0 à 5
9,00	1,80	89,20	63.0 à 70,9	4 à 8
8,50	1,50	90	53,55 à 99,25	8 à 17
6,50	1,50	92	44,1 à 50,4	18 à 25
4,50	1	94,50	33,20 à 39,4	30 à 35
2,25	1	96,75	19 à 23	45 à 60

Des essais faits par différents opératenrs ont donné des résultats peu différents.

COMPOSITION			RÉSISTANCE	ALLONG. pour 100	OPÉRATEURS
Alum.	Cuiv.	Silicum			
10	89	1	67 à 80	0,5 à 4,5	Département de la marine, Et.-Unis
le même	coulé	en sable	68,30 à 83,25	»	Arsenal de Watterton.
»	»	»	91,26	»	Forges de Leeds.
8,92	88,72	1,74	91,29	»	—
10	89	1	81,22	6,9	Arsenal de Malines
8,5	90	1,50	70,9	8	Ars. de Woolwich
6,5	92	1,50	68,5	16	—
10,5	89,5	»	59	12	M. Héroult.
10,5	89,5	»	63,8	6,8	—
10	90	»	55,3	18,5	—
10	90	»	55,3	20,1	—
10	90	»	57,4	16,6	—
10	90	»	62,1	10,5	—
9,5	90,5	»	52,2	23,5	—
9,5	90,5	»	56	16,1	—

COMPOSITION			RÉSISTANCE	ALLONG. pour 100	OPÉRATEURS
Alum.	Cuiv.	Silicium			
9	91	»	50,8	32,9	M. Héroult
9	91	»	51,6	39,2	—
8,5	91,5	»	48	37,8	—
8	92	»	45	45,7	—
8	92	»	46	48,4	—
7,5	92,5	»	40,7	25,5	—
7	93	»	38,7	27,3	—
8	92	»	46,6	30,5	M. Minet.
10	90	»	42	5,5	—
9	91	»	33,7	4	—
8,5	91,5	»	30,2	11	—
7,5	92,5	»	30,9	23	—
6,5	93,5	»	30,5	5,5	—
5,5	94,5	»	44	64	M. Tetmayer à Zurich.
8,5	91,5	»	50	52,5	—
9	91	»	57,5	32	—
9,5	90,5	»	62	19	—
10	90	»	64	11	—
11	89	»	68	1	—
11,5	88,5	»	80	0,5	—

Plusieurs causes viennent influer sur les qualités mécaniques des bronzes d'aluminium. La principale semble être le manque d'homogénéité de l'alliage. Il faut, pour avoir un alliage sain, le refondre plusieurs fois avant de l'employer définitivement. Le silicium lorsqu'il dépasse une certaine teneur peut aussi influer sur les résultats.

Influence du silicium sur les bronzes. —

M. Ponthière, professeur à l'Université de Louvain a
fait quelques essais pour établir l'influence du silicium sur les qualités mécaniques des bronzes d'aluminium. Il a trouvé les résultats suivants :

Aluminium	Cuivre	Silicium	Résistance kg	Allongement pour 100
9,40	88,70	1,90	81,22	6,9
8,10	90,15	1,75	69,31	4,3
6,08	91,47	2,25	55,95	12,19

M. Ponthière conclut que jusqu'à 2 pour 100 le
silicium a peu d'influence sur les bronzes [1].

La température a une certaine influence sur les
propriétés mécaniques des bronzes, surtout lorsque
cette température est élevée, mais cette influence est
moindre que pour le cuivre.

Influence de la température. — M. Le Châtelier
a publié un travail fort intéressant sur l'influence de
la température, sur les propriétés mécaniques des
métaux. Nous lui empruntons les chiffres ci-dessous
qui donnent la résistance du bronze et du cuivre pur
aux différentes températures.

[1] Ponthière, *Électrométallurgie*.

TEMPÉRATURE	CUIVRE PUR		BRONZE à 10 pour 100 Al	
	Résistance à la rupture	Allongement pour 100	Résistance à la rupture	Allongement pour 100
15 degrés	25,2	30	53,2	19
100	22,9	30	52,4	22
150	20	30	51	21
200	16,9	30	49,2	22
250	14	29	47	21
300	12,7	20	44,2	19
350	9,4	15	37	15
400	7	10	23,2	21
460	3,6	10	10	23

Ces essais ont été faits sur des tuyaux de cuivre et de bronze. Ils montrent que l'on pourrait remplacer avantageusement dans certaines chaudières à vapeur les tuyaux de cuivre par des tuyaux en bronze d'aluminium.

Fabrication des bronzes. — Cette fabrication exige des soins si l'on veut obtenir des alliages de bonne qualité. On peut les obtenir directement comme cela a lieu avec le procédé Cowles, mais dans ce cas on n'obtient pas la teneur exacte que l'on désire et il faut une seconde fusion pour les amener au titre voulu.

Les usines qui fabriquent l'aluminium pur préfèrent fabriquer les bronzes par mélange des deux métaux; elles obtiennent ainsi du premier coup un alliage au titre.

On fond le cuivre, puis on ajoute peu à peu l'aluminium en ayant soin d'élever le moins possible la température. L'alliage ainsi obtenu devra, pour être homogène, subir plusieurs fusions.

M. Le Verrier estime qu'il serait bon de toujours terminer par une addition d'aluminium pur qui réduira l'oxyde de cuivre qui a pu se former.

On emploie généralement pour les différentes fusions des creusets en plombagine.

Mode de travail du bronze. — Le bronze d'aluminium est malléable presque à toute température, mais c'est entre le rouge sombre et le rouge vif qu'il est le plus facile à travailler.

Si on le travaillait à froid, il faudrait ménager le travail et recuire fréquemment. Le décapage se fait dans l'eau acidulée comme celui du cuivre.

La présence du fer et du silicium rend le métal plus difficile à forger.

Un bronze renfermant 1,5 pour 100 de fer est déjà cassant.

Mode de coulée. — La coulée du bronze d'aluminium comme celle de l'aluminium pur est assez délicate. Cela tient surtout au retrait considérable que prend l'alliage en se refroidissant. Ce retrait varie de 1,8 à 2 pour 100. Les liquations ne sont pas à craindre et on peut couler soit en sable, soit en coquille. Les moules devront être munis de larges canaux d'adduction et les masselottes seront abondantes, de façon à bien nourrir la pièce. Les objets épais pourront être coulés à une température relativement basse, tandis que les pièces délicates devront être coulées fluides.

Applications. — Les premiers objets fabriqués en bronze peu après les recherches de Sainte-Claire Deville ont surtout consisté en chaînes de montres, boîtiers, etc. La belle couleur du bronze d'aluminium qui rappelle celle de l'or semblait devoir être mise à profit par toute l'industrie parisienne.

Malheureusement le bronze d'aluminium perd assez vite son poli et l'emploi de cet alliage à ce genre d'objets n'a pas tardé à être à peu près complètement abandonné. Il a été remplacé en grande partie par le maillechior et le nickel.

Depuis que le prix du bronze d'aluminium est devenu relativement bas, c'est-à-dire depuis le procédé Cowles, on a cherché à l'employer dans la grande industrie ; on prétendait même comme cela avait déjà eu lieu avec d'autres alliages, le substituer en partie à l'acier. En fait, il faudrait que le prix du bronze baissât encore beaucoup pour que cette substitution devienne économique.

Il faut tenir compte, il est vrai, de la valeur que conserve le métal lorsque l'objet est hors d'usage, tandis que la ferraille n'a plus qu'une valeur minime, mais cette considération ne suffirait pas encore à compenser la différence de prix.

On a songé à appliquer le bronze d'aluminium à la fabrication des canons ; il semble douteux qu'il y ait avantage à remplacer dans ce cas l'acier par le bronze. Il faudrait, pour arriver à obtenir un métal homogène et ayant les propriétés mécaniques de l'acier à canons, une fabrication très soignée.

« Dans ces conditions, dit M. Le Verrier [1] le prix du bronze brut ne serait sans doute pas inférieur à 3 francs ; or, celui de l'acier à canons est au plus de 2^{fr},50 à 3 francs après le forgeage et le forage, lorsqu'on a enlevé près de 50 pour 100 du poids du lingot. Le travail à faire subir au bronze serait sans doute moins considérable ; cependant on ne pourrait songer à obtenir un canon par simple moulage ; pour avoir une résistance suffisante ; il faudrait encore forger, forer, et une bonne partie du métal repasserait aux riblons. Je crois qu'il n'est pas téméraire d'estimer que le prix, après travail, monterait à 4 francs le kilogramme.

« On ne pourrait gagner sur le poids, car les deux métaux ont à peu près la même densité, et le bronze, plus cassant, exigerait peut-être de plus grandes épaisseurs. Je crois donc que le prix d'une pièce en bronze serait supérieur à celui d'une pièce en acier ; je ne serais pas étonné qu'en pratique il fût presque

---

[1] Note sur la métallurgie de l'Aluminium (*Annales du Conservatoire des arts et métiers.*)

double. Il faudrait prévoir, en effet, de nombreux rebuts à cause des liquations et du manque d'homogénéité de la matière.

« La sécurité sera toujours moindre, car on n'arrivera pas à avoir un métal aussi doux et aussi régu·lier.

« En revanche, la pièce en bronze aurait deux avantages sérieux : sa résistance à l'oxydation, et surtout la valeur intrinsèque de la matière qui se conserverait lorsqu'elle serait hors d'usage. »

Le bronze d'aluminium pourra en revanche remplacer le cuivre dans la plupart de ses applications. Nous avons vu, par exemple, que, d'après les expériences de M. Le Châtelier sur la résistance du bronze à différentes températures, il serait avantageux de substituer le bronze au cuivre pour la fabrication des tubes de chaudières en cuivre.

Les alambics, bassines et appareils employés par les distilleries, féculeries, sucreries, et autres usines pourront être faites en bronze d'aluminium. On pourrait probablement donner à ces appareils une épaisseur moindre, tout en leur conservant leur solidité.

Une autre application, basée sur l'inoxydabilité du bronze d'aluminium, a été faite par la maison Wistington, aux États-Unis, qui fabrique des pompes employées pour les liquides salins ou acides; on emploie également ces pompes dans les mines.

La Société Escher, Wyss et Cie a mis en service, en 1889, un petit yacht actionné par un moteur à pétrole, dont toutes les parties métalliques sont en bronze d'aluminium à 7, 50 pour 100 Al. Un an après, le bronze n'avait pas perdu de son éclat, tandis que le laiton, dans ces conditions, était déjà noirci.

Il nous semble que la carrosserie pourrait tirer un bon parti du bronze d'aluminium qui est d'un effet plus agréable à l'œil que le laiton ou le nikelage employés par cette industrie.

LAITONS D'ALUMINIUM

Une faible quantité d'aluminium donne au laiton plus de résistance. Cet accroissement de résistance semble dû principalement à l'action affinante de l'aluminium, car il suffit d'ajouter 1 pour 100 d'aluminium à du laiton ordinaire, pour en augmenter la ténacité. Dès que la proportion d'aluminium arrive à 3 pour 100, l'alliage devient raide, et, au-dessus de cette teneur, il devient très cassant.

COMPOSITION			CHARGE DE RUPTURE par m/m c.	ALLONGEMENT pour 100
Cuivre	Zinc	Aluminium		
61	33	3	50 à 60 kg.	3 0/0 environ
64	35	1	40 à 45 kg.	jusqu'à 30 0/0 env.

Le prix de ces laitons dépasse celui des laitons ordinaires de 20 centimes environ ; ils pourront donc être substitués avantageusement à ces derniers dans la fabrication des objets résistants.

Ces laitons se forgent à chaud, mais ils sont moins faciles à travailler que les bronzes.

Le laiton d'aluminium est plus fluide que le laiton ordinaire ; sa coulée est brillante et on ne remarque pas, comme dans la coulée des laitons ordinaires, la pellicule d'oxyde qui se forme toujours dans ces derniers.

Il serait probablement très bon d'ajouter toujours une petite quantité d'aluminium (1/2 pour 100 par exemple) aux laitons ordinaires ; cette adition aurait simplement pour but d'affiner l'alliage, et d'éviter peut-être en partie les nombreux rebuts que l'on constate presque toujours dans le laminage du cuivre jaune.

SOUDURE DES BRONZES ET DES LAITONS

On peut se servir de soudure ordinaire pour souder le bronze ou le laiton.

Pour les pièces de bijouterie, M. Cowles recommande les soudures suivantes, qui doivent être peu employées à cause de leur prix élevé.

                No 1. Or 88,88
                     Argent 4,68
                     Cuivre 6,44

                No 2. Or 54,40
                     Argent 27,80
                     Cuivre 18,00

                No 3. Cuivre 70 pour 100 } Bronze . . 14,30
                     Étain 30   —
                     Or 14,30
                     Argent 57,10
                     Cuivre 14,30

Enfin, les bronzes d'aluminium peuvent facilement être brasés à une température rouge, à l'aide de la soudure ordinaire.

                Zinc . . . . 1 partie
                Cuivre . . . . 1 —
                Borax . . . . 3 —

Aluminium-Nickel. —Tissier fit quelques essais d'alliages d'aluminium et de nickel. D'après lui, 3 pour 100 de nickel donneraient à l'aluminium de la raideur et de la dureté et l'alliage obtenu serait facile à travailler.

Un alliage analogue a été fabriqué au laboratoire de M. Le Verrier, au Conservatoire des arts et métiers.

Cet alliage (fig. 32) facile à travailler, même à chaud, ne nous a pas donné de brillants résultats aux essais mécaniques.

		Charge de rupture	Allongement pour 100
		kg	
1° Forgé à froid avec recuit	. .	14,7	6 »
2° — au rouge sombre	. .	16	5,5
— — cerise faible	.	16,3	11,5

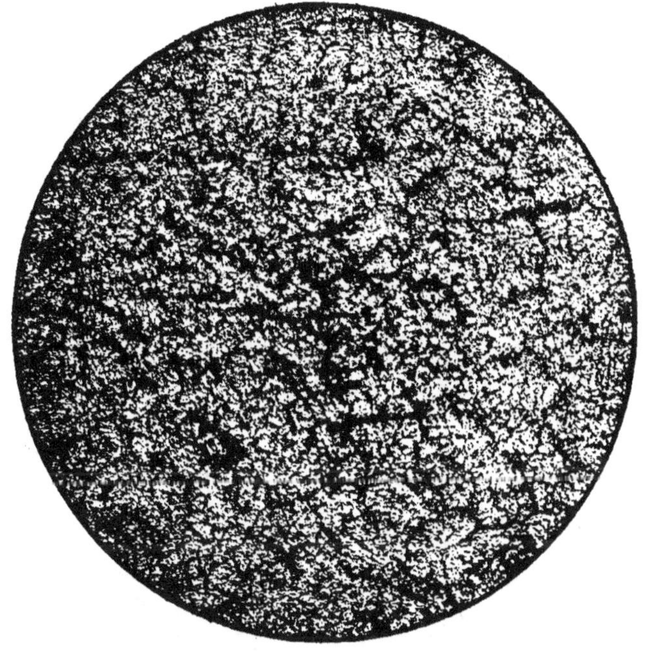

Fig. 32. — Alliage à 4,5 pour 100 de nickel (Guillemin).

Cet alliage s'est bien comporté au laminage.

Aluminium-Cuivre-Nickel. — Différents essais ont été faits pour produire des alliages de ces trois métaux. Nous ne pouvons guère donner que des

compositions, n'ayant pu trouver aucun renseigne-
ment sur leur valeur et sur leurs propriétés.

L'alliage suivant possède une belle couleur
blanche et peut prendre un beau poli. Il ressemble à
l'argent allemand.

Cuivre.	70 parties
Nickel.	23 —
Aluminium	7 —

M. F.-H. Sauvage donne la composition suivante
qui donne un alliage ressemblant à l'argent pur.

Cuivre.	58	parties
Zinc	27	—
Nickel.	12	—
Étain	2	—
Bismuth	1/2	—
Aluminium	1/2	—

En réalité, cet alliage ne peut guère être considéré
comme un alliage d'aluminium.

Citons enfin deux alliages connus sous le nom de
métal Lechesne et revendiqués par M. Thirion.

	N° 1	N° 2
Cuivre	89,84	59,97
Nickel	9,98	39,98
Aluminium	0,18	0,05
	100 »	100 »

L'aluminium ne joue probablement ici que le rôle
d'agent d'affinage.

Aluminium-Étain. — Les alliages d'étain ont surtout été étudiés au point de vue de la fabrication des soudures.

Bourbonze a préconisé un alliage à 10 pour 100 d'étain.

Cet alliage est plus blanc que l'aluminium pur et il serait aussi inaltérable. Nous ne voyons pas bien l'avantage de cet alliage qui est plus lourd et moins résistant que l'aluminium pur, si ce n'est qu'il se prête mieux à la soudure.

Jusqu'à 50 pour 100, ces alliages se travaillent bien à froid.

Lorsqu'on les chauffe, il se produit presque toujours des liquations. M. Le Verrier a relevé les points de fusion des différents alliages d'étain.

COMPOSITION				
Aluminium	Silicium	Fer	Étain	Point de fusion degrés
90	1,40	0,70	8	595
78,2	1,20	0,60	20	575
68,4	1,05	0,53	30	535
58,7	0,90	0,45	40	575
48,9	0,75	0,38	50	570
16,6	0,30	0,15	80	530
9,8	0,15	0,07	90	490
			100	235

Aluminium-Zinc. — Tous les alliages de zinc et d'aluminium sont plus cassants que l'aluminium. On a essayé un alliage à 3 pour 100 de zinc qui serait intéressant au point de vue de la dureté ; nous n'avons trouvé aucune donnée sur la valeur de cet alliage. Si l'on chauffe à haute température un alliage d'aluminium et de zinc, on peut éliminer complètement ce dernier par distillation.

Aluminium-Cadmium. — Le cadmium s'unit facilement à l'aluminium et donne des alliages très malléables. Ces alliages sont surtout employés pour préparer des soudures.

Aluminium-Bismuth. — Ces deux métaux donnent des alliages très fusibles qui s'oxydent facilement à l'air. Une très faible quantité de bismuth donne à l'aluminium une belle couleur blanche rappelant celle de l'argent, mais le métal poli est rapidement terni à l'air. Dès que la proportion de bismuth arrive à 1 pour 100, les alliages deviennent cassants.

Aluminium-Mercure. — Le mercure froid et la vapeur de mercure n'attaquent pas l'aluminium qui s'amalgame au contraire assez facilement dans le mercure bouillant.

L'aluminium semble s'unir au mercure dans une seule proportion qui répondrait, d'après MM. Baille et Fery, à la formule $Al^2 Hg^3$. Ces opérateurs ont, en effet, trouvé à l'analyse :

$$
\begin{array}{ll}
\text{Mercure} \dots\dots\dots\dots & 91,26 \\
\text{Aluminium} \dots\dots\dots\dots & \underline{8,74} \\
& \underline{100 \ \ »}
\end{array}
$$

Aluminium-Plomb. — Ces deux métaux ont très peu d'affinité l'un pour l'autre, et si on laisse refroidir lentement un mélange de plomb et d'aluminium, on peut presque séparer les deux métaux. Un essai fait dans ces conditions nous a donné :

A la partie supérieure du culot	Plomb. . . .	9.78
	Aluminium . .	90.22
		100 »

A la partie inférieure . . .	Plomb. . . .	94,49
	Aluminium . .	5,51
		100 »

M. Peligot a réussi à coupeller un morceau d'aluminium impur et à séparer tout le plomb.

Aluminium-Chrome. — Wöhler obtint un alliage au chrome en réduisant par l'aluminium le chlorure violet de chrome. Il se formait du chlorure d'aluminium qui était volatilisé. La composition de cet alliage correspondait à peu près à la formule AlCr.

Aluminium	31,60
Chrome	68,40
	100 »

Nous avons obtenu facilement par le procédé indiqué un alliage page 160 contenant 11 pour 100 de chrome. Cet alliage était très cassant et cristallin ; il était impossible de le travailler. Il a fallu descendre à 3,5 pour 100 (fig. 33) pour arriver à un alliage pouvant supporter le martelage et le laminage, et

Fig. 33. — Alliage à 3,5 pour 100 de chrome (Guillemin).

encore ce métal était-il criqué après ces opérations.

Cet alliage nous a donné :

	Charge de rupture par $^{m/m^2}$	Allongement pour 100
N° 1. Métal recuit. . . .	12^{kg},6	12
N° 2. —	12^{kg},3	7

La figure 33 montre l'aspect du métal à 3,5 pour 100 de chrome.

Aluminium-Cobalt. — Les essais que nous avons faits sur ces alliages semblent montrer que le cobalt a une action analogue à celle du fer. Il rend l'aluminium plus mou et moins résistant.

Fig. 34. — Alliage à 6 pour 100 de Cobalt (Guillemin).

Nous avons pu laminer facilement un alliage à 6 pour 100 de cobalt (fig. 34), le lingot avait 8 millimètres d'épaisseur et a été amené à 2 millimètres sans recuits intermédiaires.

Un alliage à 3 pour 100 de cobalt nous a donné d'assez bons résultats aux essais mécaniques.

	Charge de rupture par $^m/_{m^2}$	Allongement pour 100
Métal écroui	22^{kg}	4
— recuit	16^{kg},5	20

Aluminium–Manganèse. — Michel a obtenu un alliage de ces deux métaux, en fondant

Chlorure de manganèse	2 parties
Chlorures de potassium et de sodium . .	6 —
Aluminium	4 —

En dissolvant le culot métallique dans l'acide chlorhydrique, Michel sépara une partie insoluble qui avait une densité de 3,4 et qui correspondait à la formule MnAl^3.

Aluminium–Titane. — Wöhler, Michel et Lévy, étudièrent ces alliages. Celui qu'obtint Michel correspondait à la formule Al^{3}Ti et contenait environ 62 pour 100 d'aluminium.

M. Lévy a obtenu un autre alliage qui donnait à l'analyse :

Aluminium	70,92
Titane.	26,80
Silicium	2,17
	99,09

Un alliage à 7 pour 100 de titane a donné des résultats curieux au point de vue de la photomicrographie. Le métal est sillonné de coups de sabre (fig. 35) en croix que nous retrouvons moins nets dans l'alliage à 6 pour 100 de cobalt.

M. Brown, dans un article de l'*Engineer*, du

FIG. 35. — Alliage à 7 pour 100 de titane (Guillemin).

3 juin 1892, propose l'emploi d'un alliage à 3 pour 100 de titane qui serait presque aussi dur que le fer.

Les essais qui ont été faits sur les alliages au titane, dans le laboratoire de M. Le Verrier n'ont pas donné de semblables résultats.

Premier essai. —L'alliage contenait 2,92 pour 100 de titane Cet alliage ne s'est pas très bien laminé.

Ecroui, il a résisté à 19 kilogrammes par millimètre carré de section avec allongement de 2,5 pour 100.

Deuxième essai. — L'alliage, à 2,20 pour 100 de titane, s'est bien laminé et donnait après écrouissage 24 kilogrammes de résistance et 5 pour 100 d'allongement.

Troisième essai. — Alliage à 1,70 pour 100 de titane :

	Charge de rupture par $^{m}/_{m^2}$	Allongement pour 100
Métal écroui	20 kilogrammes	1,5
— recuit	15 —	16,5

Aluminium-Tungstène. — Michel a obtenu un alliage correspondant à la formule Al^4W ; cet alliage défini avait une densité de 5,58 et contenait 37 pour 100 d'aluminium.

Voici quelques essais faits au laboratoire de M. Le Verrier :

Alliage à 7,5 pour 100 de tungstène.

	Résistance à la rupture	Allongement pour 100
Métal coulé	$15^{kg},50$	1,5
— laminé écroui . .	25 »	4 »
— — recuit . .	18 »	10 »
— — — . .	$15^{kg},9$	14 »

Aluminium-Fer. — Nous avons déjà eu l'occasion de parler de l'influence fâcheuse du fer sur l'aluminium.

L'aluminium ferreux est plus mou et surtout bien

plus altérable que l'aluminium pur; il suffit de 2 pour 100 de fer pour que l'influence fâcheuse de ce métal se fasse déjà sentir.

Lorsque l'alliage est riche en fer, il se produit un phénomène assez curieux ; un alliage à 50 pour 100 de chaque métal arrive au bout de quelques mois à s'effriter sous le doigt et à tomber en poussière.

En fait, on ne cherche jamais à produire de l'aluminium ferreux ; il s'en produit toujours lorsque les matières premières servant à la fabrication de l'aluminium ne sont pas suffisamment bien épurées de fer.

Quelques usines ont cependant eu l'idée de produire exprès ces alliages qui alors n'étaient plus destinés à être travaillés, mais devaient servir de réactifs dans la métallurgie du fer. On a donné à ces alliages le nom de ferro-aluminium. Ces ferro-aluminiums sont généralement très siliceux et le silicium, dans ce cas, est en partie combiné au fer. Voici quelques analyses d'alliages ferreux et siliceux faites au laboratoire de métallurgie du Conservatoire des arts et métiers.

COMPOSITION		N° 1	N° 2	N° 3	N° 4	N° 5
Silicium.	combiné ..	2,91	5,46	8,40	7,46	4,06
	libre	5,07	3,50	2,10	1,45	3,50
Fer		16,80	20,50	22,50	20,40	18 »
Aluminium		75,22	70,54	67,00	70,6'	74,44
		100 »	100 »	100 »	100 »	100 66

Les ferro-aluminiums sont généralement vendus à la teneur réelle en aluminium sans tenir compte du fer et du silicium.

La présence de ces deux corps est, en effet, sans importance dans l'affinage de l'acier puisque le fer de l'alliage s'ajoute simplement au métal fondu et le silicium joue comme l'aluminium, mais à un degré moindre, le rôle de réactif affinant.

On peut fabriquer directement ces alliages en partant des bauxites ; on évite ainsi l'emploi de l'alumine pure dont la préparation est coûteuse. Le prix de revient de ces alliages sera inférieur pour l'unité d'aluminium produite à celui de l'aluminium pur.

Par le procédé Cowles, on obtient facilement des ferro-aluminiums en ajoutant de la limaille de fer à l'alumine. Par les procédés Héroult et Minet, on obtiendra ces alliages en prenant de la fonte comme cathode ou encore en ajoutant de l'oxyde de fer au bain de fluorures.

L'alliage le plus usité en métallurgie est le ferro à 10 pour 100 d'aluminium.

Le procédé Brin, dont nous avons parlé en traitant de la métallurgie de l'aluminium, permet d'obtenir des alliages très pauvres en aluminium ; de même, d'après des essais récents, M. Netto a pu obtenir un ferro à 1 pour 100, en fondant au cubilot un mélange de fonte et de cryolithe.

M. Le Verrier ne pense pas qu'il y ait avantage à substituer ces alliages pauvres aux alliages à 10 pour 100 par exemple. Ce savant estime qu'en fabrication courante l'alliage à 10 pour 100 ne coûte guère plus de 1 franc le kilogramme. Or, un alliage à 1 pour 100 d'aluminium obtenu avec une consommation de charbon très forte ne coûterait pas moins de 10 centimes le kilogramme, ce qui met au même prix l'unité d'aluminium contenue.

CHAPITRE VIII

EMPLOI DE L'ALUMINIUM EN MÉTALLURGIE

Chaleur de formation des oxydes. — Affinage de l'acier. — Influence de l'aluminium sur les fontes. — Travaux de M. Keep. — Effet sur le grain. — Fluidité. — Fer Mitis. — Emploi de l'aluminium dans la métallurgie du nickel.

L'aluminium est un réactif précieux en métallurgie : il réduit la plupart des oxydes métalliques et ceux de beaucoup de métalloïdes. Cette action réductrice peut s'expliquer facilement par la comparaison des chaleurs de formation des oxydes. Le tableau suivant donne les quantités de chaleur dégagées dans l'oxydation des différents corps lorsqu'ils se combinent à 1 équivalent ou à 8 d'oxygène. Les calories sont évaluées en kilogrammes degrés et correspondent à la chaleur dégagée par l'oxydation du poids des corps qui s'unit à 8 grammes d'oxygène.

11.

Chaleurs de formation des oxydes

ÉLÉMENTS ÉLECTRO-POSITIFS	PRODUIT		CALORIES DÉGAGÉES	
	Formule	Poids	État solide	État dissous
Métaux :				
Potassium	KO	47,1	48,6	82,3
Sodium	NaO	31	50,1	77,1
Lithium	LiO	15	70	83,3
Magnésium	MgO	20	74,9	—
Aluminium	$1/3$ Al²O³	17,16	65,3	—
Baryum	BaO	76,5		—
Strontium	SrO	51,75	65,7	79,1
Calcium	CaO	28		75
Zinc	ZnO	41	43,2	—
Manganèse	MnO	35,6	47,4	—
Fer	$1/3$ Fe²O³	26,66	31,9	—
Nickel	NiO	37,5	30,7	—
Cobalt	CoO	37,5	33	—
Plomb	PbO	111,5	25,5	—
Cuivre	Cu²O	71,4	21	—
Mercure	Hg²O	208	21,1	—
Argent	AgO	74	3,5	—
Étain	$1/2$ SnO²	37,5	34	—
Antimoine	$1/5$ SbO⁵	32	22,9	—
Palladium	PdO	61	10	—
Or	$1/3$ Au²O³	74	1,9	—
Platine	PtO	107	7,5	—
Métalloïdes :				
Arsenic	$1/3$ AsO³	33	26	
Carbone	$1/2$ CO²	11	50	49,8
Silicium	$1/2$ SiO²	15	54,8	51,9
Hydrogène	HO	9	35.2	4,5
Soufre	$1/2$ SO²	16	18	

On voit de suite, à l'inspection de ce tableau, que l'aluminium après les métaux alcalins est le plus apte à réduire les oxydes métalliques.

Il a, sur les métaux, alcalins l'avantage de se manier facilement et sans danger, de ne pas s'oxyder à l'air et d'être fixe même à une température élevée.

Il a, sur le silicium, l'avantage de donner un oxyde léger, l'alumine, dont l'affinité pour les oxydes métalliques est très faible et qui surnage facilement à la surface des bains métalliques, tandis que la silice tend à former des silicates qui peuvent produire des défauts dans le métal.

On utilise surtout l'aluminium pour la fabrication de l'acier. On a également essayé son action affinante sur les fontes.

Nous avons vu en outre qu'on l'employait pour affiner certains alliages, tels que les maillechorts et les laitons.

Dans la métallurgie du fer, on l'emploie de préférence sous forme de ferro-aluminium, tandis que pour la fabrication des alliages, il est préférable de l'employer à l'état pur.

Affinage de l'acier.

Les procédés nouveaux pour le raffinage de l'acier. — De nos jours, dit M. Leverrier [1], la fabrication de l'acier est sortie de l'empirisme pour devenir une opération chimique réglée par des principes rationnels. Le métallurgiste opère sur des masses énormes, comme le ferait un chimiste dans un creuset de laboratoire ; par l'addition de réactifs spéciaux, choisis en connaissance de cause et dosés avec précision, il produit à chaque instant du travail les transformations qu'il veut, corrige les défaut de la matière première, et obtient, presque avec certitude, un métal ayant la composition qu'il s'est proposée.

C'est surtout vers la fin de l'opération que le travail prend le caractère d'une vraie manipulation chimique. A ce moment, le métal est décarburé et partiellement oxydé ; on ajoute des réactifs divers destinés à corriger sa composition : c'est ce qu'on peut appeler la phase du raffinage ; la réussite y dépend presque exclusivement du bon choix de ces réactifs et de leur dosage.

M. Leverrier étudie les principes de cette opéra-

---

[1] Leverrier, Les Procédés nouveaux pour le raffinage de l'acier *(Revue générale des sciences,* septembre 1891).

tion délicate, et signale deux procédés nouveaux qui commencent à s'introduire dans l'industrie, et dont la véritable portée est encore mal connue : l'emploi du carbone pur (procédé Darby) et celui de l'aluminium.

I. Dans les anciens procédés de fabrication de l'acier naturel au bas foyer ou au puddlage, on cherchait à affiner incomplètement la fonte, de manière à n'oxyder qu'une partie de carbone et à en laisser dans le métal la dose voulue. Pour cela, il fallait opérer très lentement, et on ne réussissait bien qu'avec les fontes manganésées, parce que le manganèse, plus oxydable que le carbone, protégeait ce corps et en retardait l'élimination.

Quand Bessemer eut montré que, par l'insufflation de l'air à travers la fonte en fusion, on pouvait oxyder le carbone en quelques minutes, et déterminer une élévation de température assez grande pour que l'acier restât fondu, cette découverte, fut d'abord entravée dans son développement par bien des difficultés de détail. L'une d'elles provenait de la puissance même du nouveau moyen d'affinage : on ne savait pas la modérer ; on dépassait le but ; une partie du fer se brûlait et on obtenait un mélange de métal et d'oxyde. L'addition de charbon ou de fonte pure pouvait bien restituer au bain le carbone nécessaire à la constitution de l'acier ; mais elle ne suffisait pas à détruire l'oxyde dont le mélange rend le métal presque impropre à tout usage. Le nouveau procédé ne devint d'abord pratique qu'en Suède, où l'on traitait des fontes manganésées. Tant qu'il reste du manganèse à brûler, l'oxygène ne se porte pas sur le fer : on peut alors opérer par la méthode *directe*, c'est-à-dire qu'on arrête l'insufflation de l'air avant d'avoir éliminé tout le carbone, lorsqu'il en reste assez pour constituer la qualité d'acier qu'on veut obtenir.

Avec les fontes ordinaires, la méthode directe ne donnerait pas un métal sain, parce que l'oxyde de fer qui reste mélangé au bain, commencerait à se former avant que la teneur en carbone fût réduite aux proportions voulues. Cela tient à ce que le carbone ne réduit pas cet oxyde aussi énergiquement que le manganèse.

Ces difficultés disparurent, et le procédé Bessemer put prendre son merveilleux essor dès qu'un autre métallurgiste anglais, Mushet, comprenant ce rôle du manganèse, imagina de l'introduire à la fin de l'opération, sous forme de fonte manganésée riche *(spiegel-eisen*, ou fonte miroitante).

Depuis, on opère presque partout suivant cette formule : c'est ce qu'on appelle la méthode *indirecte*. On insuffle l'air jusqu'à ce que tout le carbone soit brûlé; on a alors un mélange de fer et d'oxyde, et on ajoute la dose voulue de *spiegel*, pour détruire l'oxyde, et recarburer le fer de manière à le changer en acier.

Cet alliage, qui contient 12 à 20 pour 100 de manganèse, et 5 à 6 pour 100 de carbone, a donc à remplir un double rôle : c'est à la fois un agent de raffinage et de recarburation. Le carbone se combine au fer ; le manganèse opère le raffinage en réduisant l'oxyde de fer, il se substitue à ce métal pour former un oxyde plus fusible, qui, au lieu de rester mélangé au bain, se scorifie, passe à l'état de silicate et surnage. Le métal devient sain et homogène.

Ce réactif précieux est employé de la même manière quand on fabrique l'acier au four Martin. La fonte est alors fondue avec du fer sur la sole d'un four chauffé au gaz, et le carbone, au lieu de s'oxyder rapidement, s'élimine peu à peu par l'action de l'oxygène des flammes ou des scories. Mais on dépasse presque toujours le point, on prolonge l'opération jusqu'à décarburation presque complète, et on régénère le bain en ajoutant du *spiegel*.

Tant qu'on n'a disposé que de *spiegels* ordinaires, les nouveaux procédés ont été limités à la production d'aciers durs ou demi-durs. En effet, on ne peut réduire la dose de manganèse qu'on ajoute, au-dessous de la limite nécessaire pour détruire tout l'oxyde de fer. Il faut pour cela 8 à 10 pour 100 de *spiegel*. On est donc forcé d'introduire au moins 5/1000 de carbone ; d'ailleurs, le métal retient toujours un peu de manganèse qui ne s'oxyde pas, et qui le durcit encore davantage. Dans ces conditions,

l'acier a au moins 50 ou 60 kilogrammes de résistance, et au plus 10 à 15 pour 100 d'allongement.

Pour faire des aciers plus doux, que fallait-il ?
Opérer le raffinage au même degré, tout en modérant
la recarburation, c'est-à-dire introduire autant de
manganèse avec moins de carbone. Comme on ne
peut pas fabriquer de fontes manganésées qui ne
soient très riches en carbone, le seul moyen était de
les rendre plus riches en manganèse. Peu à peu, on
a surmonté les difficultés que présente la réduction
du manganèse au haut fourneau, et on est arrivé à
obtenir industriellement des alliages riches, des
ferro-manganèses dont la teneur dépasse parfois 80
pour 100.

On pouvait donc employer ce nouveau réactif à
des doses trois ou quatre fois plus faibles et réduire
à moins de 2/1000 la proportion de carbone qu'on
ajoute (la teneur en carbone de ces alliages reste
toujours à peu près la même).

On est arrivé ainsi à produire des aciers qui ne
prennent plus du tout la trempe, dont la résistance
peut descendre à moins de 40 kilogrammes et l'allongement aller à plus de 25 pour 100. Ce sont de véri-
tables fers doux fondus, plutôt que des aciers.

On peut employer moins de 1 pour 100 de ferro-
manganèse riche ; il semblerait donc que la teneur
en carbone pût être réduite à un demi-millième, mais
l'élimination de ce corps avant le raffinage n'est

jamais rigoureusement complète : au moment où l'on arrête, il reste encore un à deux millièmes de carbone dans le bain. Si on allait plus loin, il se formerait trop d'oxyde de fer, et on serait obligé d'ajouter plus de ferro-manganèse. Il y a donc une limite minima imposée par la pratique, et ce n'est qu'avec des ferro-manganèses extra-riches qu'on peut arriver à fabriquer des aciers à deux millièmes de carbone.

Dans la fabrication de l'acier par les procédés basiques, les réactifs manganésés ont conservé leur rôle essentiel. La différence entre ces nouvelles méthodes et les anciennes consiste essentiellement à faire les opérations dans des fours garnis de dolomie ou de magnésie ; on peut alors, par des additions de chaux, obtenir des scories très basiques qui auraient rongé et dissous les revêtements siliceux, seuls employés autrefois. Ces scories deviennent capables d'absorber le phosphore à l'état d'acide phosphorique ; de sorte qu'on élimine ce corps nuisible et qu'on peut employer les fontes phosphoreuses, au lieu d'être obligé de choisir des fontes pures.

L'élimination du phosphore ne s'achève guère qu'après celle du carbone, qui, tant qu'il existe en quantité notable, réduit l'acide phosphorique. On est donc obligé de pousser l'affinage plus loin, on obtient un bain plus décarburé et plus chargé d'oxyde que dans le procédé acide.

On est donc amené, par suite, à ajouter plus de manganèse pour le raffinage. D'autre part, il y a intérêt à introduire le moins de carbone possible, pour éviter la réintégration du phosphore : car le carbone, réagissant sur l'acide phosphorique des scories, fait toujours repasser dans le métal un peu de phosphore réduit.

On emploie de préférence le ferro-manganèse ou les *spiegels* riches. D'ailleurs, avant d'introduire le réactif, on procède à un décrassage soigné pour enlever autant que possible la scorie : le plus souvent, au lieu de faire l'addition dans le four comme autrefois, on place le ferro-manganèse dans la poche de coulée, et on verse dessus l'acier séparé des scories.

Avec ces précautions, on limite la réintégration du phosphore à un millième environ.

Dans le four basique, le manganèse a moins de tendance à se scorifier que dans le four acide, parce que la silice, qui a une grande affinité pour l'oxyde de manganèse, est déjà sursaturée d'autres bases. On perd donc moins de manganèse par oxydation directe, et il en reste davantage dans le métal.

Pour tous ces motifs, les aciers basiques sont, à dureté égale, plus manganésés et moins carburés que les aciers acides. La teneur en manganèse y atteint souvent près du double de la teneur en carbone.

Il est plus difficile de fabriquer par ce procédé des aciers durs, quoique ce ne soit pas impossible avec un décrassage très soigné, qui rend l'introduction du carbone à peu près inoffensive. En revanche, comme le manganèse à faible dose donne beaucoup moins de dureté que le carbone, on arrive à fabriquer des aciers extra-doux, ayant 30 kilogrammes de résistance et 30 pour 100 d'allongement, comme les fers les plus purs.

Tels étaient, il y a trois ans à peu près, les seuls procédés de raffinage employés pour les aciers ordinaires. Il nous reste à dire quelques mots des réactifs spéciaux usités dans la préparation des aciers dits sans soufflures.

L'addition du *spiegel* dans l'acier fondu provoque un bouillonnement dû à la formation d'oxyde de carbone : le bouillonnement continue quand on verse le métal dans les lingotières, et quand il devient pâteux par le refroidissement, les gaz ne pouvant plus se dégager restent emprisonnés dans une foule de cavités qui rendent le lingot poreux. L'acier ne peut redevenir compact qu'après un forgeage prolongé, qui aplatit et ressoude ces soufflures.

Pour obtenir à la coulée un métal sain, susceptible d'être utilisé sous forme de moulage comme la fonte, on a cherché un réactif qui ne dégageât pas d'oxyde de carbone. On y est arrivé en faisant intervenir le silicium.

Ce corps, qui a pour l'oxygène plus d'affinité encore que le manganèse, l'absorbe et l'empêche de se porter sur le carbone. En ajoutant au bain de la fonte très siliceuse, non seulement il ne se produit pas de bouillonnement, mais on voit se calmer l'ébullition légère qui existait avant le raffinage, par suite de la petite quantité de carbone restée encore dans le métal.

On a d'abord employé le ferro-silicium (fonte à 10 à 15 pour 100 de silicium); mais on n'obtenait pas encore d'aciers tout à fait sains : on évitait bien les soufflures; seulement la silice, en se combinant avec l'oxyde de fer, forme des silicates infusibles dont il reste de petits fragments dans le bain : le métal est souillé par le mélange de parcelles de scorie. On évite cet inconvénient par l'emploi du *silico-spiegel* : c'est une fonte difficile à fabriquer au haut fourneau, qui contient de 8 à 10 pour 100 de silicium, avec 15 à 20 pour 100 de manganèse. Ces deux corps s'oxydent à la fois et forment des silicates fusibles qui surnagent : le métal se sépare bien de la scorie.

Depuis qu'on sait obtenir cet alliage complexe au haut fourneau, la fabrication des moulages d'acier est devenue pratique, mais elle restée délicate. Sans parler des difficultés provenant de la structure cristalline que le métal prend au refroidissement et qu'on cherche à modifier par des trempes convenables, le réactif doit être dosé avec précision. S'il reste du silicium dans l'acier, ce corps, surtout en

présence du carbone, donne de l'aigreur au métal :
il ne peut guère en supporter plus de 3 millièmes.
D'autre part, si l'on n'en met pas assez, il reste des
soufflures : il faut donc une grande expérience, une
appréciation très exacte de l'état d'oxydation du bain,
pour évaluer la dose convenable et le moment où
l'addition doit être faite. En pratique, les moulages,
surtout pour les grosses pièces, sont souvent de
qualité irrégulière, et on n'arrive pas avec sûreté à
la suppression totale des soufflures.

II. Tous les réactifs énumérés présentent ce caractère commun que le manganèse y joue un très grand
rôle. En outre, c'est toujours d'un seul alliage qu'on
se sert pour remplir un double but, le raffinage (qui
consiste à réduire l'oxyde de fer) et la recarburation
(qui consiste à transformer le métal en acier par la
combinaison du fer avec du carbone). Il en résulte
qu'il y a une relation *nécessaire* entre les quantités
de carbone ajoutées et celles des corps servant au
raffinage (manganèse ou silicium). Le rapport entre
les deux teneurs $\dfrac{C}{Mn}$ est compris entre certaines
limites. On a pu le diminuer au-dessous de 1 par
l'emploi du ferro-manganèse : on ne peut le faire
monter au-dessus de 1,50. En d'autres termes, on
ne peut faire d'aciers contenant beaucoup de carbone
et peu de manganèse.

C'est un inconvénient grave quand il s'agit de fabriquer des aciers durs. Les bons aciers à outils, tels qu'on les obtient par les anciens procédés de cémentation et de fusion au creuset, sont des métaux purs, contenant 8 à 12 millièmes de carbone, et seulement des traces d'autres corps étrangers. Ces aciers ont des qualités précieuses ; ils durcissent beaucoup par la trempe ; mais ils ont du corps, et ne deviennent pas cassants. Les aciers durs riches en manganèse (les seuls qui fussent faciles à fabri - quer par les procédés Bessemer ou Martin) sont aigres et éclatent à la trempe si l'on n'opère pas avec des soins tout particuliers.

Pour rester maître du dosage relatif du carbone et du manganèse, il n'y a qu'à les ajouter séparé- ment. On a, en somme, deux réactions différentes, mais également nécessaires à produire : le raffinage, c'est-à-dire la réduction de l'oxyde de fer, et la recarburation. Pourquoi prétendre les réaliser avec un seul réactif? C'est se créer des difficultés gra- tuites. Ne vaut-il pas mieux séparer les fonctions et prendre pour chacune d'elles, le corps qui la remplit le mieux, par exemple, faire d'abord le raffinage avec du ferro-manganèse, puis après avoir ainsi obtenu du fer à peu près pur, lui ajouter dans une autre forme la dose de carbone nécessaire à la constitution de l'acier?

Cette solution, qui paraît si simple quand on a

bien analysé les phénomènes, les praticiens commencent seulement à l'adopter aujourd'hui, et ils y sont arrivés par de longs détours.

Bessemer avait tout d'abord essayé les additions de charbon ou de fonte d'hématite (fonte pure, où le carbone n'est allié qu'à du fer. Il ne réussit pas, parce que le carbone seul ne réduisait pas assez énergiquement l'oxyde de fer dissous dans le bain.

On avait demandé à ce corps un double service, celui d'agent de raffinage et de récarburation : il n'était propre qu'au second.

On en conclut trop vite qu'il n'était bon à rien, qu'employé seul il s'alliait mal au fer, et dès qu'on eut découvert l'utilité du manganèse, on ne songea plus à employer autre chose que les alliages de ce métal.

Un ingénieur anglais, M. Darby, a repris récemment l'emploi du carbone. Il a cru d'abord qu'il fallait faciliter sa combinaison avec le fer par un contact prolongé, et il a construit des appareils où l'on faisait en quelque sorte filtrer l'acier fondu à travers du graphite ou du charbon de cornues. Le dispositif était compliqué : il ne permettait pas de régler facilement la dose de carbone absorbée. Cette complication était inutile.

Il suffit de placer le carbone en poudre dans la poche de coulée et de verser sur lui le métal fondu. La combinaison se fait très bien. La seule condition essentielle, c'est que le fer ait été préalablement désoxydé par l'addition d'un peu de manganèse.

On ajoute donc d'abord dans le four (après décrassage des scories) du ferro-manganèse ou du *spiegel* riche, en quantité strictement suffisante pour que l'oxyde de fer soit régénéré, mais qu'il ne reste que des traces de manganèse dans le bain. Le métal ainsi raffiné, mais peu carburé, est versé dans la poche où l'on a placé d'avance du charbon en poudre. On peut employer du graphite, du charbon de bois, de l'anthracite ou même du coke : il suffit que le carbone soit à peu près exempt de matières volatiles, et ne contienne pas trop de cendres.

Il en disparait toujours un peu par l'oxydation; on peut compter que les 3/5 environ du carbone ajouté se retrouvent dans l'acier. On obtient, par ce moyen, des aciers ayant le degré de carburation voulue, et dans lesquels la teneur en manganèse peut être limitée au besoin à 3 millièmes, dose où il est absolument inoffensif.

M. Le Verrier a fait remarquer l'analogie des nouvelles méthodes que je viens de décrire avec le procédé classique de la cémentation. Dans ce dernier (encore appliqué aujourd'hui pour les aciers à outils de qualité supérieure), on prend du fer pur en barres, obtenu par l'affinage lent de fontes de choix, on le carbure en le chauffant dans des caisses avec du charbon de bois, et on obtient ainsi des barres d'acier brut qu'il faut fondre au creuset pour avoir un métal homogène. Au Bessemer ou au Martin, on affine également la fonte jusqu'au bout, de manière à obtenir du fer pur ; puis ce métal fondu est recarburé immédiatement. Les deux phases principales de l'élaboration restent les mêmes au point de vue chimique ; mais elles se succèdent sans interruption et sont réunies dans une seule opération rapide, faite à haute température, dans des conditions où les réactions sont plus vives. Tout le travail, affinage, carburation et fusion, se fait d'un seul coup, sur de grandes masses, d'où une diminution considérable du prix de revient.

Pour compléter la comparaison, lorsqu'on veut obtenir des fers supérieurs destinés à la cémentation, il faut affiner des fontes pures, plus ou moins manganésifères ; dans les procédés actuels, on traite des fontes ordinaires, mais on ajoute du manganèse à la fin de l'opération. Ce corps joue donc le même rôle dans les deux cas. On croyait autrefois que certains minerais étaient seuls capables de fournir de l'acier, on leur attribuait une sorte de vertu mystérieuse, et cette superstition a été difficile à ébranler. Au fond, leur supériorité était de donner naturellement des fontes manganésées exemptes de phosphore. Aujourd'hui, comme on sait enlever le phosphore et ajouter le manganèse, on peut prendre comme matière première n'importe quelle fonte.

J'ai dit plus haut que la combinaison directe du carbone avec le fer fondu se faisait très bien. Il ne faudrait pas en conclure qu'il est facile d'obtenir de grandes masses d'acier homogènes. Le carbure de fer a une tendance à se liquater; il se réunit de préférence au centre et à la partie supérieure des lingots. Mais c'est là une difficulté qui n'est pas inhérente au procédé Darby. Elle se présente toutes les fois qu'on coule de grandes pièces, quel qu'ait été le mode de carburation.

III. Depuis que les nouveaux procédés électriques ont abaissé le prix de l'aluminium, on a employé ce métal au raffinage de l'acier : il a donné des résultats remarquables. Cependant, l'opinion n'est pas encore bien assise sur son efficacité réelle : certains auteurs l'on beaucoup surfaite, et lui ont prêté des vertus incroyables. Ce nouveau métal a été prôné avec un enthousiasme allant parfois jusqu'au lyrisme.

Les seuls métallurgistes qui, à notre connaissance, aient donné sur cette question des études impartiales et sérieuses, MM. Howe et Hadfield, n'ont pas manqué d'exercer leur *humour* aux dépens des panégyristes de l'aluminium. L'un se demande si le pouvoir occulte de ce réactif doit s'expliquer par une conjonction de planètes; l'autre remarque qu'on lui attribue neuf propriétés spéciales, et que, si l'on s'est arrêté à ce nombre, c'est sans doute en souvenir des neuf Muses.

Au risque de tomber sur un autre chiffre mystique, on peut reconnaître à l'aluminium trois avantages sur les réactifs employés jusqu'ici : 1° c'est un désoxydant énergique ; 2° il augmente la fluidité de l'acier doux ; 3° il prévient, mieux que tout autre corps, la production des soufflures.

1° L'aluminium, bien qu'il soit difficile à oxyder directement, réduit à chaud presque tous les oxydes métalliques. Par sa combinaison avec un équivalent d'oxygène, il dégage plus de chaleur qu'aucun autre élément, sauf les métaux alcalins et alcalino-terreux. C'est donc à ce point de vue un réactif plus énergique que le silicium et le manganèse. Plusieurs circonstances viennent augmenter son efficacité pour éliminer l'oxyde de fer de l'acier fondu. Il est fusible, léger et se mélange facilement au bain ; il se répand dans toute la masse ; il entre en contact intime avec toutes ses parties, ce qui facilite la réaction. En décomposant l'oxyde de fer, il donne l'alumine, corps léger, sans affinité pour l'oxyde de fer ni pour la silice ; cette alumine reste à l'état libre et se sépare facilement du métal ; on la retrouve en enduits blancs sur les géodes du haut du lingot : le manganèse et surtout le silicium donnaient des oxydes qui formaient, avec celui du fer, des scories lourdes, plus sujettes à rester mélangées à l'acier. Il n'est donc pas étonnant qu'on obtienne plus facilement avec l'aluminium des lingots sains.

D'ailleurs, l'énergie de ce réactif permet de l'employer sans excès. Une dose d'un millième suffit en général : on dépasse rarement deux ou trois millièmes [1] ; presque tout s'élimine par l'oxydation ; il ne reste dans le métal, à l'état d'aluminium allié, que des traces qui, souvent, échappent à l'analyse. C'est un avantage considérable, de pouvoir opérer le raffinage avec de si petites quantités ; on n'est plus exposé à introduire dans le métal des corps étrangers en proportion assez forte pour altérer ses propriétés.

2° Un autre effet, moins facile à expliquer, mais incontestable, c'est que l'aluminium augmente la fluidité de l'acier. Un lingot auquel on en a ajouté se creuse beaucoup plus par le refroidissement, parce que le centre reste plus longtemps liquide et susceptible de se tasser. Il peut même en résulter des inconvénients : quand on coule directement dans les lingotières, comme cela se fait dans certaines usines, et qu'on place des morceaux d'aluminium au fond, comme le métal se solidifie instantanément sur les

---

[1] Avec les anciens procédés, on ajoutait au moins 1 pour 100 de manganèse, dont la moitié seulement disparaissait par l'oxydation. Pour les aciers sans soufflures, la dose était analogue : seulement le tiers ou la moitié du manganèse était remplacé par du silicium.

parois, le retassement produit au milieu un vide qui peut atteindre une longueur exagérée et rendre le lingot impropre à tout usage.

Pour expliquer cette fluidité, on a dit que la présence de l'aluminium abaissait sensiblement le point de fusion de l'acier : cette hypothèse est invraisemblable, si l'on songe qu'il ne reste dans le métal que des traces du réactif; d'ailleurs, M. Osmond a reconnu qu'un acier à 5 pour 100 d'aluminium, c'est-à-dire en contenant 20 ou 30 fois plus que la dose ordinaire, a son point de fusion à peine inférieur de 25 degrés à celui d'un acier pur.

On a proposé une explication plus rationnelle dans l'échauffement de température produit par l'oxydation de l'aluminium. Cet échauffement est réel, mais il doit être très limité. On l'a évalué à 40 ou 50 degrés par des calculs qui me semblent peu rigoureux. La combinaison d'un équivalent d'oxygène avec l'aluminium dégage 65 calories; mais il faut en défalquer 34 absorbées par la réduction d'un équivalent d'oxyde de fer.

La chaleur de combinaison de l'aluminium avec le fer est certainement très faible par rapport à celle d'oxydation. Un gramme d'aluminium ne dégagera donc pas plus de 4 calories. Réparties sur 1 kilogramme de fer, dont la chaleur spécifique à l'état liquide est au moins de 0,20 (c'est à peu près sa valeur à la température de 1500 degrés), elles ne produiront qu'un échauffement de 20 degrés. C'est peu de chose par rapport aux effets constatés.

Il est probable que la fluidité s'accroit surtout par l'élimination plus complète de l'oxyde de fer : car il suffit de peu d'oxyde mélangé pour rendre un métal pâteux.

L'emploi de l'aluminium offre l'avantage de ne pas introduire du tout de carbone ; il est donc spécialement indiqué pour la fabrication des aciers doux. Le métal connu sous le nom de *fer Mitis* est du fer presque pur, coulé sous forme de moulages, grâce à l'addition d'un peu d'aluminium.

Pour les aciers durs, ce réactif réussit moins bien : on dit même qu'il les épaissit au lieu de les rendre plus liquides. Cela doit arriver surtout quand on ajoute des doses trop fortes, et qu'une portion considérable échappe à l'oxydation pour rester alliée au fer. Sous cette forme, l'aluminium comme le silicium jouit de la propriété de déterminer la séparation du carbone à l'état de graphite. Il détruit donc une partie du carbure de fer, et modifie profondément la constitution de l'acier. Mais cet effet ne doit pas se produire avec de faibles doses.

3° L'expérience montre que l'aluminium ajouté, même en très petites quantités, arrête le bouillonnement de l'acier, bien mieux encore que les réactifs siliceux, et permet d'obtenir des aciers sans soufflure. L'augmentation de fluidité, déjà signalée, diminue certainement les chances de soufflure. Mais par quel mécanisme ce réactif peut-il calmer subitement l'ébullition ? Cette question se rattache à celle de la nature et de la cause même des dégagements gazeux. Nous ne pouvons que l'effleurer ici.

On sait que, dans un bain d'acier contenant de l'oxyde dissous, le carbone réagit sur cet oxyde et produit de l'oxyde de carbone qui s'échappe avec bouillonnement. On admettait autrefois que c'était la cause principale, sinon unique des dégagements gazeux. Cette idée, soutenue notamment par M. Pourcel, a conduit à des découvertes utiles, car c'est elle qui a engagé à étudier l'action du silicium, et qui a mis sur la voie des moyens de fabriquer l'acier sans soufflures.

L'action spéciale du silicium s'expliquait tout naturellement : il s'empare de l'oxygène en formant un produit solide, la silice ; il prévient donc la formation de l'oxyde de carbone. L'aluminium doit évidemment produire le même effet, et d'une manière plus complète, parce qu'il a plus d'affinité pour l'oxygène.

Cette théorie simple, qui paraissait rendre compte de tous les faits, a cependant été battue en brèche par les expériences du Dr Muller. Il a montré que les gaz dégagés se composent, pour la majeure partie, d'hydrogène. Ainsi, le bouillonnement a surtout une cause physique : l'acier liquide contient, à l'état de dissolution, plus d'hydrogène qu'il ne peut en garder lorsqu'il est devenu solide. C'est cet excès qui se dégage pendant le refroidissement. Pour qu'il n'y eût pas de dégagement, il faudrait que tout le gaz dissous à chaud pût rester dans le métal, c'est-à-dire que sa solubilité ne diminuât pas avec la température.

Or, MM. Troost et Hautefeuille ont montré que le silicium diminue la solubilité à chaud, dans l'acier fondu ; d'autre part, le manganèse augmente la solubilité à froid, dans l'acier solide. Les aciers manganésés, tout en n'ayant pas de soufflures, contiennent beaucoup plus d'hydrogène occlus que les autres.

Ainsi, la présence simultanée de ces corps (qu'on introduit par le *silico-spiegel)* peut réaliser la condition demandée, la proportion d'hydrogène que dissout le bain cesse d'être supérieure à celle qui pourra rester occluse dans le lingot : il n'y a plus de raison pour que ce gaz se dégage.

Ces réactifs n'auraient donc qu'une action physique. Cette explication, parfaite en théorie, n'est pas cependant de nature à satisfaire entièrement ceux qui ont observé le phénomène dans les usines. Elle ne rend pas bien compte de l'apaisement subit qui se produit par des additions de réactif en quantité très faible. Un corps étranger ne peut modifier les propriétés physiques d'un métal qu'à condition d'y rester en proportions sensibles ; comment se fait-il que l'aluminium, celui des réactifs qu'on ajoute à la dose la plus faible, et qui s'élimine le plus complètement, soit en même temps celui qui apaise le mieux les dégagements gazeux?

N'y a-t-il pas là un fait de nature à montrer que l'action chimique a une importance prépondérante, car l'aluminium, qui s'oxyde presqu'en entier, ne saurait modifier notablement les propriétés du métal et son efficacité supérieure ne peut guère s'expliquer que par la réaction énergique exercée sur les oxydes.

M. Le Verrier a proposé, à ce sujet, une hypothèse qui lui est suggérée par la comparaison de phéno-mènes analogues plus faciles à étudier. On sait que, dans un liquide sursaturé de gaz dissous, l'agitation peut provoquer un dégagement qui n'avait pas lieu : c'est ainsi qu'on fait mousser le champagne ou la bière en frappant sur la bouteille. On produirait le même effet en y insufflant de l'air. D'autre part, la présence de bulles d'air libre dans un liquide facilite le dégagement des vapeurs : l'ébullition de l'eau est retardée quand elle est absolument privée d'air.

Si donc nous considérons un bain d'acier sursaturé d'hydrogène dissous, l'équilibre pourra se trouver rompu par la naissance, au sein de cette masse, de bulles d'un autre gaz libre, et ce phénomène provo-quera le dégagement d'une partie de l'hydrogène. C'est ce qui arriverait quand il se produit de l'oxyde de carbone, et il suffirait d'empêcher sa formation pour que l'hydrogène restât dissous.

L'oxyde de carbone, tout en ne formant qu'une

faible partie du dégagement gazeux, serait l'agent nécessaire et suffisant pour amorcer le bouillonnement. On s'expliquerait ainsi que les réactifs capables d'absorber l'oxygène sans produire des gaz calment l'ébullition même à dose très faible. Les idées soutenues par M. Pourcel et confirmées par des résultats pratiques se trouveraient ainsi d'accord avec la théorie; l'oxyde de carbone serait bien le véritable ennemi, non par lui-même, il est vrai, mais par son action indirecte sur les autres gaz dont il provoque le dégagement.

M. Le Verrier ne nie pas l'action physique que ces mêmes corps peuvent exercer en modifiant la solubilité de l'hydrogène. Il la croit réelle, surtout pour le manganèse, car cet élément ne prévient les soufflures qu'à condition de rester dans l'acier en proportion assez forte. Pour le silicium, qu'on emploie à dose beaucoup plus faible, et dont il reste peu dans le métal, s'il modifie avantageusement la solubilité, il doit aussi une partie, peut-être la plus importante de son efficacité, à son action chimique, à sa propriété d'empêcher la production d'oxyde de carbone[1]. Enfin, l'aluminium, qu'on emploie à dose

---

[1] On sait que les expériences du Dr Müller ne sont pas favorables à cette manière de voir : ce savant a constaté qu'en ajoutant le *silico-spiegel* dans la lingotière, à l'acier bien séparé des scories, le silicium s'oxyde fort peu et reste dans le métal ; son action serait donc surtout physique. Mais ces expériences

homéopathique et qui disparaît presque tout entier, doit jouer exclusivement un rôle chimique, en absorbant tout l'oxygène sans production de gaz.

En somme, tous les avantages de l'aluminium seraient la conséquence indirecte de la facilité avec laquelle ce corps élimine l'oxyde de fer : ils se rattacheraient à une seule et même propriété, son affinité pour l'oxygène, jointe à sa fusibilité qui lui permet de réagir rapidement sur toute la masse liquide. A ce point de vue, les métaux alcalins et le magnésium pourraient seuls l'égaler, peut-être le surpasser, si leur emploi était pratique.

Quoi qu'il en soit, on emploie avec succès l'aluminium pour éviter les soufflures dans les aciers moulés, qui ont, en général, une résistance de 50 à 60 kilogrammes et une teneur en carbone de 5 à 6 millièmes. Souvent on commence le raffinage avec du *spiegel*, qui sert en même temps à recarburer, puis on ajoute l'aluminium dans la poche de coulée, où sa présence calme instantanément l'ébullition. On obtient ainsi des moulages plus sains que par l'emploi du *silico-spiegel*.

supposent la connaissance exacte de la composition du bain avant et après l'addition : et il est impossible de faire une prise d'essai qui corresponde sûrement à la composition moyenne. D'ailleurs, il y a fort peu d'oxygène à absorber, et l'action chimique peut être réelle quoique la quantité de réactif disparue soit très faible.

On a d'abord employé l'aluminium sous forme d'alliage avec le fer. Le ferro-aluminium, tel qu'on le fabriquait au début des procédés électriques, ne contenait pas plus de 10 pour 100 de métal actif. Cet alliage avait l'inconvénient d'être très peu fusible. Il fallait le chauffer au blanc avant de l'ajouter à l'acier. D'ailleurs, il ne peut se conserver longtemps sans altération. Peu à peu on a fabriqué des alliages plus riches. Aujourd'hui, on emploie de préférence l'aluminium pur (du moins celui qui est vendu sous ce nom, mais qui est loin d'approcher de l'état de pureté chimique). Grâce à sa grande fusibilité, on peut en placer les morceaux froids dans la poche de coulée. Ils fondent au contact de l'acier, et s'élèvent à travers le bain en réagissant vivement sur toutes ces parties. La réaction est immédiate et le contact intime.

Plusieurs praticiens admettent aujourd'hui qu'il faut employer, dans la fabrication de l'acier, de l'aluminium pur. Cette opinion ne nous paraît pas justifiable; nous serions bien tenté d'y voir une de ces superstitions qui s'accréditent souvent en métallurgie, par suite de la difficulté où l'on est d'analyser tous les facteurs des phénomènes complexes dont on ne saisit que le résultat pratique.

Les deux corps qui se rencontrent dans l'aluminium pur sont le fer et le silicium. Au point de vue des réactions chimiques, il est bien évident que la présence du fer est indifférente. Quant au silicium, son action est la même que celle de l'aluminium ; il n'y a qu'une différence d'intensité : sa présence, à dose modérée, ne peut donc être nuisible. La seule condition à remplir, c'est que ces deux corps ne soient pas en quantité suffisante pour modifier les propriétés physiques de l'alliage, surtout sa légèreté et sa fusibilité.

Le fer, à moins de 5 ou 6 pour 100, ne semble pas avoir d'action sensible. Le silicium ne modifie pas la densité, et il augmente la fusibilité.

Nous croyons que des alliages à 10 ou 15 pour 100 de silicium, avec 6 ou 10 pour 100 de fer, remplaceraient parfaitement l'aluminium pur. Leur adoption par les fabricants d'acier offrirait un grand intérêt ; on pourrait les fabriquer à beaucoup plus bas prix que l'aluminum, parce qu'on obtiendrait, en les soumettant à l'électrolyse, la bauxite brute. On pourrait même songer à utiliser le métal très silicieux extrait des argiles ordinaires.

Il est à désirer que des essais méthodiques viennent trancher la question, déterminer l'effet que produit dans le traitement de l'acier l'aluminium silicieux, et la limite de teneur au-dessus de laquelle le silicium offrirait des inconvénients réels.

L'aluminium étant un réactif cher, il y a intérêt à en réduire la consommation. Lorsqu'on n'aura pas de raison pour proscrire absolument le manganèse, il

semble logique d'adopter la formule suivante :
1° raffinage par le ferro-manganèse (aciers doux)
ou par le *spiegel* (aciers durs), ces réactifs étant
ajoutés dans le four ou dans une première poche de
coulée, s'il faut éviter leur action sur les scories
phosphoreuses ; 2° transvasement dans une poche où
on a placé le carbone en proportion nécessaire pour
achever la carburation avec quelques fragments
d'aluminium pour éviter les soufflures.

Chaque élément est ainsi introduit à part, à la dose
juste convenable pour remplir son rôle spécifique : le
manganèse intervient d'abord comme réducteur des
oxydes, plus efficace que le carbone et moins coûteux
que l'aluminium ; le carbone arrive à son tour pour
se combiner au fer épuré, et l'aluminium est là pour
empêcher le carbone de s'oxyder en provoquant des
dégagements gazeux et des soufflures.

Le travail est ainsi parfaitement répati ; l'élaboration complète, le procédé élastique, facile à régler,
et on peut obtenir à quelques millièmes près un
métal de composition déterminée.

Le transvasement de la première poche de coulée
dans la seconde, que nous avons indiqué d'une
manière éventuelle, n'est pas, comme on pourrait le
croire, une complication matérielle fâcheuse. Il a
l'avantage de mieux brasser le métal, et de le rendre
plus homogène : on l'a déjà, pour ce motif, adopté
dans plusieurs aciéries où il n'a pas d'autre raison

d'être et où on n'ajoute aucun réactif spécial dans la seconde poche.

M. Hadfield a montré dans une série d'études sur l'acier à l'aluminium que ce corps avait sensiblement la même action que le silicium. Il se demande si sa supériorité n'est pas seulement apparente, et due à ce qu'on l'emploie à peu près pur, tandis que le silicium n'est introduit qu'à l'état d'alliages pauvres (le ferro-silicium ordinaire ne dépasse guère la teneur de 10 pour 100; il atteint au plus celle de 15 à 20). Dans cette hypothèse, le silicium pur, ou du moins des alliages riches de ce corps, si on arrivait à en préparer à bon marché, pourraient prendre dans la fabrication de l'acier la place de l'aluminium.

M. Le Verrier ne partage pas entièrement cette opinion : l'aluminium offre deux avantages qu'il ne perdra pas : 1° son affinité plus grande pour l'oxygène, démontrée par ce fait qu'il réduit la silice, en fait un réactif plus énergique pour la désoxydation ; 2° sa fusibilité lui permet de se mélanger au bain plus rapidement, plus intimement que le silicium, et en rend l'emploi plus facile.

Il croit donc que l'emploi de l'aluminium est appelé à se généraliser pour toutes les variétés d'acier, de même que le procédé Darby doit devenir d'une application courante pour les aciers durs. Bien compris et bien maniés, ces deux procédés permettront sans doute à l'industrie de sortir du cercle des aciers manganésés, et de fabriquer en grand, au Bessemer ou au Martin, les aciers supérieurs exclusivement carburés, qui, jusqu'à présent ne pouvaient se faire qu'au creuset. (Le Verrier.)

Influence de l'Aluminium sur les fontes.

L'aluminium agit d'une façon heureuse sur les fontes, mais c'est surtout sur les fontes blanches que cette action paraît efficace. On peut, à ce point de vue, le comparer au silicium qui agit cependant d'une façon moins énergique.

L'aluminium fait passer à l'état graphitique le carbone combiné dissous dans la fonte, et, en outre, par suite d'une action difficile à expliquer, il empêche le graphite de se mettre en géodes dans les soufflures et lui permet de se répartir uniformément dans la masse au moment du refroidissement.

Travaux de M. Keep. — Ces questions ont surtout été étudiées par M. Keep, ingénieur de la Société Américaine *The Michigan Store*, en collaboration avec MM. Mabery et Vorce.

Les essais de M. Keep portèrent sur deux types de fontes, une blanche et une grise dont voici les compositions :

	Fonte blanche	Fonte grise
Silicium	0,186	1,249
Phosphore	0,263	0,084
Soufre	0,031	0,040
Manganèse	0,092	0,187
Graphite.	0,950	3,220
Carbone combiné . .	2,030	0,330

Le ferro-aluminium employé contenait 11,42 pour 100 d'aluminium et 3,86 pour 100 de silicium.

M. Keep ajouta successivement :

0,25, 0,50, 0,75 et 1 pour 100 d'aluminium à la fonte blanche et 0,25, 0,50, 0,75 1, 2, 3 et 4 pour 100 à la fonte grise.

Afin d'éviter l'objection que le silicium pouvait agir sur les fontes, M. Keep fit un ferro-silicium contenant autant de silicium que le ferro-aluminium et opéra avec le ferro-silicium, de la même façon qu'il opérait avec le ferro-aluminium et les produits étaient alors comparés entre eux.

Effet sur le grain. — M. Keep a reconnu que l'aluminium rendait le grain plus noir, effet dû à la séparation du graphite, et que la couleur de la cassure variait avec la quantité d'aluminium.

Quantité d'aluminium ajoutée	Aspect de la cassure
0,00 pour 100	blanche
0,25 —	grisâtre
0,50 —	gris brillant
0,75 —	gris
1,00 —	gris sombre

L'aluminium avait été ajouté sous forme de ferro-aluminium. Un essai fait en introduisant la quantité de silicium introduite involontairement par le ferro-aluminium dans le dernier essai à 1 pour 100 a donné un métal à cassure blanche légèrement grisâtre.

M. Keep ajoute à cet essai 1 pour 100 d'aluminium ; aussitôt la cassure devint gris sombre.

Il semble qu'au point de vue de la cassure 0,25 pour 100 d'aluminium, soit équivalent à 0,62 pour 100 de silicium.

Avec les fontes grises, l'aluminium donne une structure plus compacte et un grain fin.

Fluidité. — D'après les essais faits par M. Keep, il semblerait que l'aluminium doive rendre les fontes blanches plus fluides, tandis que son action paraît inverse avec les fontes grises.

Nous avons fait un essai nous-même dans la fonderie de MM. Durand, à Creil (Oise), en ajoutant jusqu'à 0,50 pour 100 d'aluminium à la fonte de moulage ; nous avons remarqué une élévation de température due probablement à la réduction de l'oxyde de fer, mais la fluidité ne nous a pas paru modifiée.

Lorsque l'on coule une fonte traitée à l'aluminium, on remarque que les masselotes présentent une concavité très grande due au tassement du métal ; aussi faut-il bien nourrir les pièces que l'on veut mouler.

D'après certains expérimentateurs, il suffit de mettre l'aluminium dans la poche de coulée et de remuer énergiquement : cette opération doit être faite avec soin si l'on veut obtenir un métal homogène, car l'aluminium, très léger, a une tendance à remonter à la surface du bain avant d'avoir réagi.

Lorsque le mélange n'a pas été suffisamment intime, on peut s'en rendre compte à la cassure. Dans les essais que nous avons faits chez MM. Durand sur de la fonte grise de moulage, de l'aluminium avait été mis dans la poche de coulée et le métal avait été brassé énergiquement. Cependant lorsque l'on a cassé les barreaux, nous avons remarqué que certains points avaient une cassure présentant l'aspect d'un noyau blanc entouré de fonte grise. Ce noyau était dû au manque d'homogénéité du métal dans lequel l'aluminium se trouvait concentré en certains points.

Pour obvier à cet inconvénient, M. Guillemin fait introduire l'aluminium par les regards du bas, de façon à ce qu'il arrive dans le creuset du cubilot, de cette façon le métal se trouve mélangé par le bouillonnement des matières.

D'autres métallurgistes préfèrent employer un ferro-aluminium qui, d'après eux, se mélangerait mieux que l'aluminium.

Fer Mitis.

En 1885, M. Nordenfelt imagina un procédé qui consiste à fondre des rognures de fer doux avec addition d'aluminium.

Ce métal est fabriqué en Suède par M. Ostberg. On chauffe les rognures de fer doux dans des creusets en plombagine, jusqu'à ce que la masse devienne pâteuse. On ajoute alors l'aluminium sous forme de ferro-aluminium ; la masse devient aussitôt fluide. Cette fluidité est due probablement à la réduction de l'oxyde de fer qui rendait la masse pâteuse.

Le fer Mitis résiste à 40 kilogrammes par millimètre carré, avec un allongement de 20 pour 100 environ. Il se prête aux moulages et peut se forger.

L'aluminium est ajouté en quantité suffisamment faible, pour qu'il n'en reste pas dans le métal ; il agit donc bien uniquement comme réactif.

Métallurgie du Nickel.

L'aluminium est également employé dans la métallurgie du nickel.

Lorsque l'on veut fondre du nickel, le métal se charge d'oxyde qui lui enlève toute sa malléabilité ; si l'on ajoute alors une petite quantité d'aluminium, l'oxyde est réduit et le métal coulé devient malléable.

Dans la fabrication du ferro-nickel, on pourra employer le ferro-aluminium.

CHAPITRE IX

ANALYSES ET ESSAIS

Bauxites: dosage de la silice, du fer, de la soude; détermination de l'eau. — Alumine. — Sulfate d'alumine. — Cryolithe. Aluminium métallique. Dosage du silicium, du fer, etc.

L'analyse des produits aluminiques et de l'aluminium métallique a une importance capitale au point de vue de la métallurgie de l'aluminium, et une industrie de ce genre doit toujours avoir à sa disposition un laboratoire bien installé, où l'on pourra essayer à la fois les matières premières et le produit fini.

Nous n'avons pas la prétention de faire rentrer dans le cadre de ce travail l'étude des différents procédés employés en docimasie, nous nous bornerons à indiquer quelques méthodes d'essais simples et rapides répondant au besoin de l'industrie, et qui sont suffisamment exactes pour les besoins de la pratique.

I. **Bauxites.**

La bauxite, comme nous l'avons vu, renferme en proportions variables du fer, de la silice, de l'eau et parfois de la soude et des métaux étrangers.

Silice. — On prélève 1 gramme de l'échantillon moyen bien pulvérisé, et on chauffe cette prise d'essai dans un ballon, en présence de 30 centimètres cubes environ d'acide sulfurique étendu de son volume d'eau. Il faut environ trois à quatre heures pour que l'attaque soit complète. Le fer et l'alumine sont passés à l'état de sulfates et la silice reste insoluble. On filtre pour séparer la silice que l'on desséchera et que l'on pèsera après calcination et on étend la liqueur filtrée à 200 centimètres. cubes

Peroxyde de fer. — Sur 100 centimètres cubes, de la liqueur, c'est-à-dire sur 1/2 gramme de bauxite, on dosera le fer par titrage, avec le permanganate, après avoir réduit le fer au minimum par le zinc ou l'aluminium.

Alumine. — Les 100 centimètres cubes qui restent sont additionnés de carbonate d'ammoniaque et d'ammoniaque, et le tout est porté à l'ébullition jusqu'à ce que l'on ne sente presque plus l'odeur d'ammoniaque. Le précipité composé d'oxyde de fer et d'alumine est filtré, desséché, calciné et pesé.

Du poids de ces deux oxydes, on déduira le poids de l'alumine par différence, puisque l'on connaît déjà la teneur en peroxyde de fer.

Dosage de la soude. — La liqueur filtrée ne contient plus que le sel de soude ; on évaporera à sec dans une capsule de platine, et on pèsera à l'état de sulfate de soude.

Détermination de l'eau. — On calcinera au rouge vif 5 grammes de matière finement pulvérisée jusqu'à ce que l'on obtienne deux pesées rigoureusement concordantes. La différence de poids donnera la proportion d'eau.

II. **Alumine.**

L'alumine préparée artificiellement est vendue, soit à l'état hydraté, soit à l'état anhydre. La marche de l'analyse est la même que celle des bauxites.

Si l'alumine a été préparée en traitant par l'acide carbonique une dissolution d'aluminate de soude, il peut se faire que cette alumine retienne une certaine proportion de soude. On déterminera alors l'alcalinité, en traitant par l'eau bouillante 50 grammes d'alumine par exemple, et titrant par l'acide normal en présence de la phtaléine du phénol.

Si l'alumine a été préparée par calcination du sulfate, elle peut retenir du sulfate d'alumine que l'on

pourra doser en précipitant en liqueur acide l'acide
sulfurique par le chlorure de baryum.

III. Sulfate d'alumine.

On dissout dans l'eau chaude 2 grammes de
matière et on sépare par filtration les matières insolubles que l'on pèsera après calcination.

Sur 100 centimètres cubes de liquide acidifié par
quelques gouttes d'acide sulfurique, on titrera le fer
par le permanganate, après avoir réduit au minimum
à l'aide du zinc ou de l'aluminium.

Sur 50 centimètres cubes, on dosera le fer et l'alumine après avoir fait passer le fer au maximum par
quelques gouttes d'acide azotique.

Enfin, sur les 50 centimètres cubes qui restent de
la liqueur, on pourra doser l'acide sulfurique à l'état
de sulfate de baryte.

En général, dans tous ces essais, on se contente de
doser les impuretés et le chiffre de l'alumine est
obtenu par différence.

IV. Cryolithe.

On attaque le minéral bien porphyrisé par l'acide
sulfurique en opérant dans une capsule de platine
tarée exactement.

Dès que l'attaque paraît terminée, on évapore lentement à sec et on élève progressivement la température un peu au-dessus du rouge sombre. Il reste dans la capsule les sulfates d'alumine et de soude. On pèse ces sulfates et on les redissout dans l'eau et l'acide chlorhydrique. On dose alors l'acide sulfurique dans la liqueur et on a ainsi par différence le poids total des oxydes.

Sur une seconde prise d'échantillon traitée de la même façon, on dose l'alumine par l'ammoniaque.

Le fluor est dosé par différence.

Analyse de l'aluminium commercial. — On attaque 2 grammes de métal par 50 centimètres cubes d'acide chlorhydrique étendu à 1,2 additioné de quelques gouttes d'acide azotique et on évapore à sec.

On reprend par l'acide chlorhydrique étendu et on chauffe jusqu'à ce que tout le chlorure d'aluminium soit dissous. Le silicium et la silice provenant de l'oxydation du silicium combiné restent insolubles et sont recueillis dans un filtre qui est ensuite séché, calciné et pesé. On ajoute alors quelques gouttes d'acide fluorhydrique et on chauffe dans une capsule de platine jusqu'à ce que toute la silice soit partie à l'état de fluorure. Le silicium qui reste est pesé après calcination au rouge sombre.

Sur une partie de la liqueur filtrée, on dosera le fer par le permanganate et on réservera le restant pour le dosage de l'alumine.

Dans les essais d'usines, on se contente de doser le fer et le silicium.

Aluminium-Cuivre. — On attaquera les alliages légers par l'acide chlorhydrique additionné d'un peu d'acide azotique et on dosera le cuivre, soit en le précipitant par l'hydrogène sulfuré, soit en le pesant à l'état de cuivre électrolytique.

Les alliages lourds, c'est-à-dire les bronzes et les laitons doivent être attaqués par l'acide azotique. Le cuivre est dosé, soit par l'hydrogène sulfuré, soit par l'électrolyse.

Dans les deux cas, on précipitera ensuite l'alumine par l'ammoniaque.

Alliages divers. — Nous n'insisterons pas sur ces essais ; il faudrait presque donner une méthode pour chaque alliage. Un procédé qui nous a donné de bons résultats pour séparer l'alumine des oxydes de nickel, cobalt, manganèse, etc., consiste à précipiter l'alumine *à froid* par le carbonate de baryte. Le nickel, le cobalt et le manganèse restent en dissolution et seront dosés par une des méthodes usuelles.

CHAPITRE X

MODE DE TRAVAIL ET USAGES DE L'ALUMINIUM

Laminage et forgeage. — Le métal lorsqu'il est de bonne qualité se lamine et se forge très facilement. Le travail se fait à froid avec des recuits fréquents. On peut estimer la température du recuit en plaçant sur le métal un morceau de bois qui doit s'emflammer si cette température est suffisante.

L'aluminium se prête très bien au laminage des tubes sans soudure par le procédé Manesmann.

Coulage et moulage. — On peut fondre l'aluminium dans des creusets en terre ou en fer à la condition de ne pas surchauffer le métal et pour cela il suffit d'ajouter peu à peu l'aluminium au bain déjà fondu.

On remue avec une tige de fer, et, lorsque la température est suffisante, le métal ne doit plus adhérer à cette tige. Il faut écumer avec soin avant de couler.

Retrait. — Le retrait de l'aluminium est considérable (près de 2 pour 100), et il faut réserver des masselottes représentant presque le volume de la pièce à mouler.

Le métal doit être coulé lentement et la pièce bien nourrie au moment de la solidification.

Le moulage se fait mieux en sable qu'en lingotières, surtout pour les pièces un peu compliquées.

Travail à l'outil. — L'aluminium encrasse les outils et les limes. Pour obvier à cet inconvénient, il faut imbiber les outils d'essence de térébenthine.

Décapage. — Le meilleur bain de décapage est une solution de soude caustique assez étendue. On plonge quelques minutes l'objet à décaper dans ce bain, on l'essuie avec un linge, puis on le trempe dans un bain d'acide azotique étendu de son volume d'eau. La surface du métal est alors d'un blanc mat rappelant la teinte de l'argent.

Polissage. — D'après M. Minet, il faut commencer par aviver le métal à l'aide d'une brosse très fine en laiton ; on polit ensuite avec de l'émeri n° 0 et du suif, et, après un second polissage avec du tripoli de bijouterie et de l'huile, on passe la pièce au tampon sec pour dégraisser et lustrer.

Dorure et argenture. — Dès que Sainte-Claire Deville eut préparé industriellement l'aluminium, on chercha à le dorer et à l'argenter, mais jusqu'à ce jour tous les essais qui ont été tentés dans ce but

semblent n'avoir donné que des résultats peu satisfaisants.

Cela tient à ce qu'il se forme sur le métal une
légère couche d'alumine qui empêche l'adhérence
des deux métaux.

Nous avons essayé nous-même d'argenter des couverts en aluminium en y déposant une couche d'argent
analogue à celle qui est déposée sur les couverts en
ruolz ; l'argent semblait adhérent, mais dès que l'on
frottait avec le brunissoir, la couche d'argent se
soulevait complètement.

Voici cependant un procédé qui nous a donné
d'assez bons résultats, lorsque nous nous contentions
de déposer une couche d'argent relativement mince.

La pièce à argenter est chauffée environ à
300 degrés, puis on la frotte avec un tampon sau-
poudré de chlorure d'étain ; il se produit ainsi une
couche d'étain adhérente sur laquelle l'argent se
dépose assez bien.

La Société Vienne frères a proposé un bain qui
donne, parait-il, de bons résultats ; le procédé
d'argenture a été décrit dans le journal *la Lumière
électrique* du 11 juillet 1891 auquel nous empruntons ces lignes :

On a souvent essayé de dorer l'aluminium par
la galvanoplastie, nous signalerons le bain suivant
récemment proposé par la Société *Vienne frères*.

Les pièces à dorer sont d'abord décapées à l'eau-forte ou acide azotique. On chauffe vers 70 à 80 degrés jusqu'à complet blanchiment.

A la place d'acide nitrique on pourrait employer, pour décaper, tout autre corrosif donnant les mêmes résultats ; mais l'acide nitrique paraît le meilleur et le plus pratique.

On finit de décrasser les pièces à la ponce fine, de la façon connue. Les pièces étant ainsi préparées, on les passe successivement dans des bains d'argent et d'or avec la composition suivante :

Bain d'argent

Argent vierge . . . . 20 gr.
Cyanure de potassium . . . . . 3 gr. par gr. d'argent
Eau distillée . . . . 1 kilogramme

Ce bain est employé à la température ordinaire.

Bain d'or

Or . . . . 7 gr.
Sulfite de soude . . . . 7 gr. par gr. d'or
Cyanure de potassium . . . . 23 gr.
Phosphate de soude . . . . . 23 gr.
Eau distillée . . . . 1 kilogramme

Ce bain est employé à une température de 20 à 35 degrés. Il est évident que l'on peut remplacer le cyanure de potassium par une quantité d'acide prussique produisant une action équivalente.

On a proposé de cuivrer préalablement l'aluminium, mais ce procédé ne nous paraît guère recommandable. D'abord le dépôt de cuivre est comme celui d'argent peu adhérent et en outre lorsque les objets commenceraient à se désargenter, on verrait apparaître le cuivre, ce que l'on cherche précisément à éviter dans les objets argentés que l'on fait actuellement en alliages blancs. En outre, le public, peu au courant des procédés de fabrication, pourrait croire à une supercherie. Le meilleur bain pour cuivrer paraît être l'azotate de cuivre acidulé d'acide azotique.

Soudure de l'aluminium. — Une autre difficulté dans le travail de l'aluminium est celle de la soudure. Jusqu'ici les résultats ont été peu satisfaisants, malgré le grand nombre de formules proposées.

Il se produit comme dans le cas de l'argenture une légère pellicule d'alumine qui empêche l'adhérence des métaux ; aussi croyons-nous que la difficulté ne réside pas tant dans la composition de la soudure que dans le véhicule de cette soudure.

Nous avons cependant essayé des pièces soudées par M. Novel à Genève, qui donnaient de très bons résultats. Sur quatre échantillons essayés à la traction, trois ont cassés en dehors de la soudure. Malheureusement la composition de la soudure ainsi que le tour de main sont gardés secrets par l'inventeur.

M. Bourbouze avait préconisé l'emploi de l'alliage

d'aluminium avec 10 pour 100 d'étain, de préférence au métal pur parce que cet alliage se souderait facilement avec les soudures à l'étain.

On peut aussi recouvrir les surfaces à souder d'une légère couche d'étain par le procédé que nous avons indiqué en parlant de l'argenture de l'aluminium.

Voici quelques compositions de soudures qui ont été données dans les revues spéciales :

Soudure de M. Wagner :

Plomb.	165
Étain	100
Zinc	9

qui donnerait au fer à souder une adhérence parfaite.

Soudures de M. Mourey.

	Zinc	Aluminium
No 1.	80	20
2.	85	15
3.	88	12
4.	92	8
5.	94	6

Le véhicule employé est un mélange de baume de copahu et d'essence de térébenthine.

Voici enfin une dernière formule qui, parait-il, donne de bons résultats.

Zinc.	5 parties
Étain	2 —
Plomb	1 —

Usages de l'aluminium. — Ces difficultés,

jointes au prix relativement élevé de l'aluminium, sont cause que les usages du métal ont été relativement restreints jusqu'à ces dernières années.

Cependant, depuis l'exposition de Paris de 1889, l'industrie parisienne semble vouloir s'intéresser au nouveau métal, et actuellement une foule de petits objets sont faits en aluminium.

L'orfèvrerie en fait des couverts, des vases repoussés, des étuis de fumeurs, etc., etc.

On a cherché à utiliser l'aluminium dans les constructions navales. Une usine allemande a construit il y a quelques années, un yacht tout en aluminium, et nous rappellerons qu'il y a quelques mois on a construit en France un bateau à faible tiran d'eau destiné à une mission d'exploration qui était en partie en aluminium afin d'en diminuer le poids et d'en faciliter le transport.

Une autre application a été tentée : la ferrure des chevaux. Les premiers essais ont été faits en Russie sur un régiment finlandais.

Les résultats ont été satisfaisants et l'usure ne paraît pas avoir été beaucoup plus rapide que celle des fers ordinaires.

Il ne faudrait pas attacher trop d'importance ici au prix du métal, car il faut tenir compte de ce que les vieux fers en aluminium conservent une valeur assez élevée, tandis que ceux en fer ont une valeur à peu près nulle.

M. Japy a également essayé l'emploi des fers à cheval en aluminium.

Il emploie les alliages suivants [1] :

N° 1	. .	Aluminium pur	
2	. .	85 Aluminium	15 étain
3	. .	94 —	6 cuivre
4	. .	90 —	10 maillechort

D'après M. Japy la résistance de ces alliages serait :

		kg
N° 1	. . . .	19,79
2	. . . .	20,30
3	. . . .	24,50
4	. . . .	30,80

M. Japy croit pouvoir donner les conclusions suivantes :

La ferrure en aluminium peut être utilisée pour les chevaux de courses et de luxe ; elle peut rendre des services pour le traitement de certaines maladies du sabot. Elle ne doit être utilisée que par des mains expérimentées et sachant travailler ce métal.

La composition n° 4, aluminium allié au maillechort, est, quant à présent, celle qui doit être employée de préférence. Cette ferrure ne peut supporter les grappes, elle doit être absolument rejetée pour tous les chevaux ayant un travail de force à

[1] Japy, *Société nationale d'agriculture*, et *La Nature*, 21 octobre 1893.

effectuer, et l'on ne peut encore que la déconseiller pour des services difficiles comme ceux qu'on exige de la cavalerie en temps de guerre.

Il n'est pas douteux qu'avec la baisse de prix du métal, baisse qui s'accentue tous les jours, on arrivera bientôt à fabriquer une foule d'objets de ménage en aluminium. On y gagnerait de la légèreté, un entretien plus facile et une innocuité parfaite.

En somme, l'avenir du nouveau métal paraît brillant si l'on en juge par l'étape qu'il a victorieusement parcourue depuis moins d'un demi-siècle; espérons que cet avenir se réalisera.

CHAPITRE XI

MANGANÈSE

I. Historique.

Découverte de Scheele. — Propriétés. — Etat naturel. —
Préparation du manganèse métallique. — Procédé Gahn.
— Procédé Sainte-Claire Deville. — Procédé Brunner. —
Préparation électrolytique : Bunsen. — Amalgamation. —
Manganèse pyrophorique obtenu par M. Moissan.

Historique. — L'existence du manganèse fut
démontrée en 1774 par un modeste pharmacien de
Kœping, Scheele, qui devait laisser un nom illustre
dans les annales de la chimie.

Scheele. — Jusqu'à Scheele, en effet, on avait
considéré le bioxyde de manganèse comme un corps
de peu d'importance auquel on avait donné le nom
de *magnésie noire*.

Dans un mémoire paru en 1774, Scheele démontra
que ce corps est une combinaison oxygénée d'un

métal auquel on donna par la suite le nom de *man-ganèse*.

Là ne se bornèrent pas les travaux de l'illustre savant qui étudia d'une façon très approfondie le bioxyde de manganèse et qui découvrit presque simultanément le chlore et la baryte.

Propriétés. — Le manganèse métallique est brillant lorsqu'il est pur, d'un gris de fonte lorsqu'il contient du fer. Il est très cassant et se pulvérise facilement. On ne connaît pas exactement le point de fusion du manganèse; on sait seulement qu'il est supérieur à celui du fer. Sa densité, variable avec le mode de préparation employé, va de 6,8 à 8.

Le manganèse s'oxyde très facilement à l'air; aussi le conserve-t-on sous le naphte. Obtenu par distillation de son amalgame, à une température inférieure à 350 degrés, il devient pyrophorique, c'est-à-dire qu'il s'oxyde à l'air avec incandescence. Il se combine directement à la plupart des métalloïdes et ces combinaisons ont presque toutes lieu avec un grand dégagement de chaleur. L'eau est décomposée à froid par le manganèse; la réaction a lieu dans le sens de la formule :

$$Mn + 2HO = MnO,HO + H$$

État naturel. — Le manganèse se retrouve dans un grand nombre de minéraux, au fond des mers, et même dans certaines eaux minérales, notamment dans celle de Coconuco (village situé dans la province de Popayan dans les Andes) qui a été analysée par M. Moissan. Elle renfermait par litre :

		gr
Sulfate de soude	. . . .	3,89
Chlorure de sodium	. . . . . .	2,75
Bicarbonate de soude	. . . . .	0,69
Carbonate de chaux — de manganèse.	}	0,10
Silice	. . . .	traces
		7,43

Les principaux minerais de manganèse sont :

La pyrolusite	. . . . . .	MnO^2
La braunite	. . . . . .	Mn^2O^3
L'acerdèse	. . . . . .	Mn^2O^3HO
L'haussmannite	. . . . . .	Mn^3O^4

Ces trois minerais peuvent servir à la fabrication du manganèse et de ses alliages. La pyrolusite ou bioxyde de manganèse est surtout employée pour la préparation du chlore ; il constitue la base de toute l'industrie du blanchiment.

PRÉPARATION DU MANGANÈSE MÉTALLIQUE. — *Procédé Gahn*. — Gahn, le premier, prépara le manganèse en réduisant un oxyde par le charbon à une température aussi élevée que possible. Il n'obtint que des globules métalliques qu'il ne put rassembler.

Procédé Deville. — Henri Sainte-Claire Deville réussit à obtenir des quantités plus considérables de métal en réduisant du bioxyde de manganèse par le charbon, dans des creusets en chaux chauffés à haute température dans un four à vent forcé qui lui avait déjà servi pour fabriquer le chrome.

Afin d'obtenir un métal plus pur, Sainte-Claire Deville purifiait son bioxyde de manganèse par un traitement au sel ammoniac et un traitement à l'acide azotique.

Procédé Brunner. — Brunner imagina un procédé analogue au procédé Sainte-Claire Deville pour la fabrication de l'aluminium. Ce procédé consiste dans la réduction du fluorure de manganèse par le sodium.

Dans un creuset de Hesse, on introduit deux parties de fluorure de manganèse sec et une partie de sodium en fragments. Le mélange comprimé est recouvert de chlorure de sodium et de spath-fluor.

Le creuset est d'abord chauffé doucement, puis on élève progressivement la température jusqu'au rouge vif que l'on maintient pendant un quart d'heure environ.

Après avoir cassé le creuset, on obtient un culot métallique dont le poids correspond environ à la moitié du rendement théorique. Si le métal n'est pas bien rassemblé, il suffit de refondre les globules métalliques sous une couche de chlorure de sodium.

On peut remplacer le fluorure de manganèse par un mélange à parties égales de chlorure de manganèse et de spath-fluor ou encore par un mélange d'oxyde de manganèse et de cryolithe.

Le métal obtenu par le procédé Brunner est plus dur et moins oxydable que le métal obtenu par le procédé Deville. Cela tient à ce que le premier est généralement moins pur et renferme du silicium en proportion variable. Wœhler a trouvé de 0,6 à 6,4 pour 100 de silicium dans différents échantillons de manganèse obtenus par le procédé Brunner.

Procédé électrolytique de Bunsen. — Bunsen décomposait par la pile le chlorure de manganèse et recueillait le métal sur une lame de platine servant d'électrode négative. Le dépôt métallique est cristallin, brillant et très facilement oxydable.

Procédés par amalgamation. — Giles et Roussin ont obtenu le manganèse métallique en distillant dans un courant d'hydrogène l'amalgame de manganèse obtenu en faisant réagir l'amalgame de sodium sur du chlorure de manganèse.

M. Moissan, pour éviter de laisser du sodium dans le métal, se sert de l'amalgame obtenu par voie électrolytique en décomposant par la pile une solution concentrée de protochlorure de manganèse en présence d'une électrode négative en mercure.

L'amalgame ainsi obtenu renferme environ 4 pour 100 de manganèse qui reste sous forme d'une poudre grisâtre après distillation dans un courant d'hydrogène pur.

Ce métal est très oxydable et décompose l'eau même à froid. Si la distallation a lieu à une température peu supérieure à la température d'ébullition du mercure, le métal brûle à l'air avec incandescence. C'est le manganèse pyrophorique.

Tous les procédés que nous venons de passer en revue sont des procédés de laboratoire qui seraient trop onéreux pour la fabrication sur une grande échelle.

L'industrie qui consomme actuellement beaucoup de manganèse pour l'affinage de l'acier préfère fabriquer des alliages plus ou moins riches en manganèse qui sont moins oxydables que le manganèse pur et surtout d'un prix de revient bien inférieur.

II. Combinaisons du Manganèse avec les Métalloïdes.

Différents oxydes de manganèse. — Bioxyde: ses applications. Sa valeur commerciale en fonction de sa richesse. — Acide manganique et manganates. — Acide permanganique et permanganates. — Fluorure de manganèse. — Chlorure de manganèse. — Régénération du bioxyde. — Procédés Weldon et Dunlop. — Principaux sels de manganèse. — Caractères analytiques. — Dosage du manganèse.

OXYDES DE MANGANÈSE

Le manganèse se combine à l'oxygène en différentes proportions pour donner des oxydes qui correspondent aux formules suivantes :

Protoxyde . . . . MnO
Oxyde rouge ou oxyde salin . . Mn^3O^4
Sesquioxyde . . . . Mn^2O^3
Bioxyde . . . . MnO^2
Acide manganique . . . . . MnO^3
— permanganique . . . . Mn^2O^7

PROTOXYDE DE MANGANÈSE ANHYDRE

$$Mn = 27,5 \qquad 77,52$$
$$O = 8 \text{»} \qquad 22,48$$
$$\overline{35,5} \qquad \overline{100 \text{ »}}$$

Préparation. — On peut préparer le protoxyde
de manganèse en calcinant dans un courant de gaz
inerte, hydrogène ou azote, du carbonate ou de
l'oxalate de manganèse :

Berthier a préparé le protoxyde en chauffant à
très haute température dans un creuset brasqué, un
oxyde quelconque.

On peut aussi réduire un oxyde quelconque de
manganèse par l'hydrogène, parce que, dans ces
conditions la désoxydation s'arrête au protoxyde :

$$Mn^3O^4 + H = 3MnO + HO$$
$$MnO^2 + H = MnO + HO$$

Enfin, on peut le préparer en fondant un mélange
de chlorure de manganèse anhydre avec du carbonate de soude.

On ajoute au mélange une petite quantité de chlorhydrate d'ammoniac pour réduire le peu d'oxyde rouge qui pourrait se former dans les réactions.

Propriétés. — La couleur du protoxyde varie avec le mode de préparation qui a été employé ; elle va du vert au gris. Sa densité est de 5,091 (Rammelsberg). Il fond au rouge blanc et la masse fondue est verte.

M. Moissan a trouvé que le protoxyde était d'autant moins oxydable qu'il a été obtenu à une température plus élevée et qu'il est plus cohérent. Si on le chauffe dans l'air ou dans l'oxygène, il se transforme en oxyde salin.

PROTOXYDE HYDRATÉ

Mn = 27,5		61.89
O = 8 »		17,94
HO = 9 »		20,17
44,5		100 »

Préparation. — Ce composé s'obtient en traitant par la soude ou la potasse, une dissolution d'un sel de manganèse :

$$MnCl + NaO,HO = MnO,HO + NaCl$$

Propriétés. — C'est un corps blanc qui, au contact de l'air, brunit rapidement à cause de la suroxydation qui se produit. Il se dissout dans l'ammoniaque, mais cette dissolution est instable, et, au contact de l'air, il ne tarde pas à se déposer de l'oxyde brun.

OXYDE SALIN

$$
\begin{array}{lll}
3Mn = & 82,5 & 72,05 \\
4O = & 32 \text{ »} & 27,95 \\
\hline
& 114,5 & 100 \text{ »}
\end{array}
$$

Cet oxyde qui se trouve dans la nature sous le nom d'haussmannite se produit toujours lorsque l'on calcine un autre oxyde de manganèse au contact de l'air. Avec le sesquioxyde et le bioxyde, il se dégage de l'oxygène et cette propriété est utilisée pour la préparation de ce métalloïde.

$$3Mn^2O + O = Mn^3O^4$$
$$3Mn^2O^3 = 2Mn^3O^4 + O$$
$$3MnO^2 = Mn^3O^4 + 2O$$

Préparation. — On prépare l'oxyde salin pur en précipitant par la soude un sel de manganèse et calcinant le précipité au contact de l'air.

M. Daubrée a reproduit l'haussmannite en faisant passer de la vapeur d'eau sur du chlorure de manganèse chauffé au rouge.

Propriétés. — Cristallisé, l'oxyde salin est brun noir. Sa poudre est d'un rouge brun, sa densité est de 4,85 pour l'oxyde cristallisé et de 4,71 pour l'oxyde amorphe.

Il est indécomposable par la chaleur. L'acide chlor-hydrique concentré le dissout à chaud avec déga-gement de chlore :

$$Mn^3O^4 + 4HCl = 3MnCl + 4HO + Cl$$

SESQUIOXYDE DE MANGANÈSE

$$
\begin{array}{lll}
Mn^2 & = 55 & \qquad 69,70 \\
O^3 & = 24 & \qquad 20,30 \\
& \overline{79} &
\end{array}
$$

Le sesquioxyde de manganèse se trouve dans la nature, sous forme d'oxyde anhydre et sous forme d'hydrate. On a donné au premier le nom de braunite, et, au second, le nom d'acerdèse.

Préparation. — Le sesquioxyde anhydre se prépare en soumettant le bioxyde de manganèse à l'action prolongée de la chaleur du rouge sombre, ou encore, en calcinant à basse température l'azotate de protoxyde.

M. Moissan l'a obtenu en réduisant à 230 degrés le bioxyde, par un courant d'hydrogène sec.

Le sesquioxyde hydraté peut encore se préparer en soumettant à l'action oxydante de l'air, de l'hydrate de protoxyde.

On peut également l'obtenir en faisant passer un courant de chlore dans de l'eau contenant en suspension du carbonate de manganèse, à la condition d'arrêter le courant gazeux avant la décomposition complète du carbonate.

Propriétés. — Anhydre, le sesquioxyde est noir brun ; la chaleur le décompose au rouge vif en oxygène et oxyde salin. Sa densité est de 4,325 (Rammelsberg). L'acide chlorhydrique l'attaque avec dégagement de chlore.

Hydraté, il se présente sous la forme d'une poudre brun foncé. Il se comporte avec les acides comme le sesquioxyde anhydre.

$$\text{BIOXYDE DE MANGANÈSE, } MnO^2$$

Mn = 27,5	63,21
O^2 = 16 »	36,79
43,5	100 »

Le bioxyde de manganèse naturel ou pyrolusite est le plus important des minerais de ce métal.

Préparation. — On peut le préparer par oxydation d'un oxyde de manganèse moins oxygéné, par exemple, en chauffant jusqu'à la fusion, un mélange d'oxyde salin et de chlorate de potasse. La masse fondue, reprise par l'eau, laisse comme résidu insoluble du bioxyde de manganèse. Il est bon, dans cette préparation, de ne pas chauffer trop le mélange, sous peine de décomposer en partie le bioxyde.

Berthier a imaginé un autre procédé qui consiste à

calciner modérément de l'azotate de protoxyde en présence d'un excès d'acide azotique.

M. Gorgen a obtenu des cristaux de bioxyde présentant tous les caractères de la pyrolusite en chauffant longtemps à 160 degrés environ de l'azotate de manganèse dans une fiole de verre.

Dans la décomposition d'un sel de manganèse par la pile, on obtient au pôle positif un dépôt de bioxyde.

Propriétés. — Le bioxyde naturel est noir gris, sa cassure a un peu l'aspect métallique. Sa densité est de 4,82.

La chaleur le décompose en oxyde salin et oxygène. Cette décomposition a lieu en deux phases. Au rouge naissant, il se forme d'abord du sesquioxyde de manganèse, et il se dégage un équivalent d'oxygène.

Si l'on pousse la température, le sesquioxyde se décompose à son tour, suivant la formule de réaction :

$$3Mn^2O^3 = 2Mn^3O^4 + O$$

De sorte que le sens de la réaction totale est indiqué par l'équation :

$$3MnO^2 = Mn^3O^4 + 2O$$

On voit qu'un kilogramme de bioxyde pur pourrait donc fournir environ 85 litres d'oxygène, mais le bioxyde naturel n'est jamais pur et on estime qu'un bioxyde susceptible de fournir 60 à 65 litres d'oxygène est un produit de bonne qualité.

Le bioxyde de manganèse est décomposé par les acides avec lesquels il donne à froid du sesquioxyde et à chaud des sels de protoxyde.

Avec l'acide sulfurique, à chaud, le bioxyde de manganèse donne du sulfate de protoxyde et de l'oxygène et cette réaction est mise à profit dans le laboratoires pour la préparation de l'oxygène.

$$MnO^2 + SO^3HO = MnO,SO^3 + HO + O$$

Avec l'acide chlorhydrique, il donne du protochlorure de manganèse et du chlore.

$$MnO^2 + 2HCl = MnCl + 2HO + Cl$$

Usages. — C'est sur cette réaction qu'est basée toute l'industrie du blanchiment.

Le bioxyde est aussi utilisé par les verriers, qui s'en servent pour blanchir le verre. Son rôle, dans cette application est assez complexe. Il sert d'abord à brûler les particules de charbon qui peuvent se trouver dans le bain, puis il oxyde le fer qui se trouve à l'état de silicate de protoxyde, lequel colore le verre en noir et le fait passer à l'état de peroxyde qui donne au verre peu de coloration. Liebig a donné une autre explication de cette épuration. D'après lui, la décoloration est due à ce que le silicate de sesquioxyde de manganèse violet a une couleur

complémentaire de celle du silicate de protoxyde de
fer et, dans ce cas, le mélange des deux couleurs
reproduirait le blanc. Si l'on veut obtenir des verres
colorés en violet, on ajoute une quantité plus considérable de bioxyde.

Le bioxyde de manganèse sert également dans la
décoration des émaux et des poteries.

On se sert encore du bioxyde de manganèse pour
rendre les huiles siccatives.

Richesse des bioxydes. — Le bioxyde de manganèse naturel n'est jamais pur ; il renferme en
proportions variables du fer, de la chaux carbonatée,
de la silice, de la baryte, etc. Voici quelques analyses
de pyrolusite.

	CRTTNICHE	TIMOR	CALVÉRON	MORAVIE	PÉRIGUEUX	ROMANÈCHE	
	1	**2**	**3**	**4-5**	**6**	**7**	**8**
Bioxyde de mangan.	93,8	84 »	72,7	97,8	71,6	75,9	78,2
Sesquioxyde de fer.	1 »	2 »	1»	»	6,8	1,5	»
Carbonate de chaux.	»	9 »	24 »	»	»	»	»
Silice.	4 »	4 »	1,2	0,5	10 »	2,6	»
Baryte. . . . , ...	»	»	»	0,5	4,6	16 »	16,7
Eau	1,2	1 »	1,1	1,1	7 »	5 »	4,1
	100 »	100 »	100 »	99,9	100 »	101 »	99 »

1, 2. Analyses par Berthier.
    5.   —   par Klaproth.
6, 7, 8.   —   par Vauquelin.

Dans l'industrie, la valeur d'un bioxyde est fonction : 1° de la quantité de chlore qu'il est susceptible de dégager en présence de l'acide chlorhydrique ; 2° de la quantité d'acide chlorhydrique qu'il consomme.

BIOXYDE DE MANGANÈSE HYDRATÉ

Préparations. — Il existe plusieurs hydrates : le premier qui correspond à la formule $4MnO^2.HO$ se prépare en traitant le sesquioxyde hydraté par l'acide nitrique bouillant.

Un autre hydrate correspond à la formule $2MnO^2.HO$ et peut s'obtenir en traitant par le brome un sel de protoxyde de manganèse.

Forchhammer a obtenu l'hydrate $MnO^2.HO$ en faisant bouillir le sesquioxyde hydraté avec de l'acide azotique étendu.

Propriétés. — Le bioxyde de manganèse joue le rôle d'acide et peut donner des sels ainsi que cela a été démontré par M. Gorgeu qui lui donne le nom d'acide manganeux.

On connait en effet des manganites de potasse, de chaux, de baryte, de zinc, de plomb, etc.

ACIDE MANGANIQUE

Cet acide n'a pas pu être isolé, parce que, dès que l'on traite un manganate par un acide, l'acide manganique passe à l'état d'acide permanganique.

MANGANATES

Les manganates se préparent en calcinant les bases ou les azotates correspondants avec du bioxyde de manganèse.

Les manganates ont une belle couleur verte ; les manganates alcalins sont seuls solubles.

Aschoff a indiqué un mode de préparation des manganates alcalins qui consiste à faire bouillir du permanganate en solution concentrée avec un alcali. Sa réaction a lieu dans le sens.

$$Mn^2O^7,KO + KO = 2(MnO^3,KO) + O$$

MANGANATE DE BARYTE

Le seul manganate qui ait reçu une application est le manganate de baryte qui est connu dans les arts sous le nom de *vert de Cassel*. Ce vert peut être fixé sur les tissus à l'aide de l'albumine. Il se prépare en chauffant un mélange de :

Bioxyde de manganèse.	14 parties
Azotate de baryte.	80 —
Sulfate de baryte.	6 —

Le sulfate de baryte est ici employé dans le but d'empêcher la fusion du mélange.

ACIDE PERMANGANIQUE

Acide anhydre

$$
\begin{array}{llr}
Mn^2 = & 55 & 49,55 \\
O^7 = & 56 & 50,45 \\
\hline
& 111 & 100 \; »
\end{array}
$$

Préparation. — L'acide anhydre se prépare, d'après M. Terreil, en traitant le permanganate de potasse par l'acide sulfurique et chauffant dans une cornue entre 60 et 70 degrés. Il se dégage des vapeurs d'acide permanganique d'un noir verdâtre qui viennent se condenser.

Propriétés. — L'acide anhydre est peu stable et répand une légère odeur ozonisée. Il se décompose sous l'action de la chaleur et de la lumière solaire. C'est un oxydant très énergique. Il se dissout dans l'eau et donne une dissolution violette.

Acide hydraté

Préparation. — L'acide hydraté se prépare à l'aide du manganate de baryte. Nous avons vu, en effet, que l'acide manganique se transforme en acide permanganique sous l'influence des acides. Si donc on traite le manganate de baryte par l'acide sulfurique, il se forme de l'acide permanganique hydraté et du sulfate de baryte insoluble.

Il faut avoir soin d'éviter l'emploi de papier et de bouchons lorsqu'on manie l'acide permanganique qui serait réduit en présence de ces matières.

Propriétés. — Comme l'acide anhydre, l'acide permanganique hydraté est un oxydant énergique qui agit même sur les métaux.

Il donne avec certaines bases des sels bien définis, les permanganates.

PERMANGANATES

Un mode de préparation générale des permanganates consiste à traiter les manganates correspondants par un acide.

Permanganate de Potasse

$$
\begin{aligned}
KO &= 47 & 29,75 \\
Mn^2O^7 &= 111 & 70,25 \\
\hline
&158 & 100\ \text{»}
\end{aligned}
$$

Préparation. — Woehler préparait le permanganate de potasse en introduisant de la potasse et du bioxyde de manganèse dans du chlorate de potasse en fusion. On chauffe jusqu'à décomposition complète du chlorate de potasse; on lessive la masse et on fait cristalliser.

Grégory, qui a modifié un peu le procédé de Woelher, opère de la façon suivante :

On mélange 10 parties de potasse dissoute dans un peu d'eau, avec 8 parties de bioxyde de manganèse et 7 parties de chlorate de potasse. On évapore à sec, puis on calcine le mélange. La masse reprise par l'eau donne une dissolution de permenganate qui est concentrée pour obtenir des cristaux.

On purifie le sel par une série de cristallisations.

Propriétés. — Le permanganate se présente sous la forme de beaux cristaux prismatiques à reflets mordorés. Il se dissout facilement dans l'eau en donnant une liqueur rouge pourpre.

Le permanganate de potasse est un oxydant énergique qui détruit facilement les matières organiques.

La potasse et la soude pures sont sans action sur lui, et si les alcalis du commerce le décomposent, c'est que parce que ces produits renferment toujours une certaine quantité de corps réducteurs tels que des sulfites, des cyanures, etc., etc.

L'acide sulfurique concentré décompose à froid le permanganate de potasse et donne lieu à un dégagement d'oxygène.

L'acide chlorhydrique décompose également le permanganate avec dégagement de chlore.

Le permanganate de potasse oxyde les sels de protoxyde de fer et les fait passer à l'état de sels de sesquioxyde. Margueritte s'est servi de cette réaction pour établir un procédé de dosage volumétrique du fer qui est encore employé partout.

Ce procédé consiste à oxyder par le permanganate un poids déterminé de sel de protoxyde de fer. La liqueur étant titrée d'avance à l'aide d'un poids connu de fer pur, il est facile d'établir la quantité de fer contenu dans le sel de protoxyde de fer. Comme dans la plupart des minerais, le fer se trouve sous forme de peroxyde, on réduit la dissolution acide par le zinc qui fait passer le fer au minimum d'oxydation.

Le permanganate de potasse exerce également une action oxydante très énergique sur les matières organiques. L'acide oxalique, l'alcool, etc., le décomposent facilement.

On a utilisé cette action oxydante pour le dosage des matières organiques contenues dans les eaux potables.

La dissolution de permanganate de potasse est préalablement titrée avec un poids connu d'acide oxalique. Le titre une fois établi, on opère de la même façon sur un volume d'eau déterminé. Ce procédé d'analyse qui rend de grands services au point de vue hygiénique ne fournit cependant aucune donnée sur la qualité des matières organiques contenues dans l'eau, puisque des organismes pathogènes agiront de la même façon que des matières organiques inertes.

Le permanganate de potasse, outre son emploi courant dans les laboratoires, est utilisé dans les arts, surtout dans la teinture. Il est également très employé en médecine comme antiseptique.

SULFURES DE MANGANÈSE

Il existe plusieurs sulfures de manganèse. C'est le protosulfure que l'on rencontre le plus fréquemment.

Préparation. — Il peut être obtenu par voie sèche ou par voie humide. On l'obtient par voie sèche en chauffant au rouge sombre un mélange de soufre et de bioxyde de manganèse.

Il s'obtient par voie humide en précipitant par le sulfure de sodium un sel de protoxyde de manganèse.

Propriétés. — Le sulfure obtenu par voie sèche est gris verdâtre. Les acides le décomposent sous l'influence de la chaleur et de l'oxygène de l'air, il donne de l'acide sulfureux et de l'oxyde rouge.

Le sulfure obtenu par voie humide, a une teinte saumon qui ne tarde pas, sous l'influence de l'air, à passer au brun.

FLUORURES DE MANGANÈSE

Le manganèse s'unit au fluor pour donner différents fluorures et des oxyfluorures.

Le fluorure, MnFl se prépare en saturant l'acide fluorhydrique par le carbonate de manganèse. Il cris-

tallise en petits cristaux roses et est indécomposable
par la chaleur.

Le sesquifluorure Mn^2Fl^3 se prépare en saturant
l'acide fluorhydrique par le sesquioxyde de manganèse. Le bifluorure s'obtient d'une façon analogue en
substituant le bioxyde de manganèse au sesquioxyde.

L'eau décompose le sesquifluorure et donne un
précipité de bioxyde hydraté.

CHLORURE DE MANGANÈSE

Le chlore donne avec le manganèse une série de
chlorures dont le plus important est le protochlorure.

Protochlorure de Manganèse

Mn = 27,5	43,65
Cl = 35.5	56,35
63 »	100 »

Le protochlorure peut se préparer à l'état anhydre
en faisant passer un courant d'acide chlorhydrique
sur de l'oxyde de manganèse.

Le protochlorure anhydre est déliquescent et fond
au rouge sans décomposition.

Le protochlorure de manganèse hydraté s'obtient
par l'action de l'acide chlorhydrique sur un oxyde
quelconque de manganèse. Nous avons déjà parlé de

cette réaction dans laquelle il se dégage toujours du chlore du moment où l'on emploie un oxyde supérieur au protoxyde. L'industrie produit journellement une grande quantité de chlorure de manganèse comme résidu de la fabrication du chlore. Nous avons vu en effet que la fabrication du chlore par le bioxyde de manganèse repose sur la formule.

$$MnO^2 + 2HCl = MnCl + 2HO + Cl$$

On voit que, pour l'équivalent de chlore dégagé, on produit un équivalent de protochlorure.

Ce protochlorure n'est jamais pur ; il renferme de l'acide chlorydrique libre, du fer, de la baryte, de la chaux, etc. On peut éliminer le fer en ajoutant un excès de carbonate de manganèse récemment préparé. Quant aux bases terreuses, on s'en débarasse par une série de cristallisations ou bien par une addition de sulfate manganeux qui précipite la baryte et la majeure partie de la chaux à l'état de sulfates.

Propriétés. — Le protochlorure de manganèse cristallisé est d'un beau rose. Il est déliquescent et très soluble dans l'eau.

Depuis les débuts de l'industrie du chlore, on a cherché à utiliser le protochlorure de manganèse, afin d'abaisser le prix de revient du chlore.

Les procédés d'utilisation des résidus de la fabrication du chlore peuvent se diviser en deux groupes. Dans le premier, on a cherché à utiliser le protochlo -

rure de manganèse comme source de chlore ou comme dissolution d'un sel métallique. Dans le second groupe qui est de beaucoup le plus important, on cherche à régénérer le bioxyde de manganèse qui servira de nouveau à la fabrication du chlore.

Dans le premier groupe, se range en première ligne le procédé imaginé par Kuhlmann pour préparer industriellement et à bon marché le chlorure de baryum. Nous parlerons en détail de cette fabrication en traitant du baryum.

Dans le second groupe, viennent se ranger les procédés Weldon, Dunlop, etc., etc.

Procédé Weldon. — Ce procédé consiste à traiter par un lait de chaux une solution de protochlorure. Il se forme de l'oxyde manganeux et du chlorure de calcium. On fait alors passer dans la masse un courant d'air qui oxyde le protoxyde, et il se précipite un manganite de chaux qui servira de nouveau à produire du chlore.

Le procédé Weldon est actuellement employé par la plupart des grandes usines qui fabriquent le chlore ou ses composés.

D'après l'inventeur du procédé, le manganite de chaux que l'on obtient serait susceptible de dégager plus de chlore que le bioxyde naturel à 70 pour 100 de bioxyde.

Procédé Dunlop. — Les résidus acides sont saturés de carbonate de chaux ; on précipite ainsi le fer et l'alumine. Le liquide clair mélangé de craie est alors porté à une pression de trois ou quatre atmosphères.

En quelques heures, le manganèse est précipité à l'état de carbonate qui, calciné dans un four à réverbère à une température de 300 degrés environ, donne un oxyde de manganèse susceptible de servir de nouveau à la préparation du chlore.

Il existe également un sesquichlorure et un bichlorure dont la préparation est identique à celle des fluorures. Ils sont comme ces derniers assez instables.

COMBINAISONS AVEC LES AUTRES MÉTALLOÏDES

Le manganèse comme le fer se combine facilement au phosphore, à l'arsenic, au silicium et au carbone. Il donne même avec le cyanogène des composés analogues aux ferro-cyanures et aux ferri-cyanures. Ces composés portent les noms de mangano-cyanures et mangani-cyanures ; nous ne croyons pas devoir entrer ici dans les détails de préparation de ces composés.

PRINCIPAUX SELS DE PROTOXYDE DE MANGANÈSE

Sulfate de Manganèse.

$$MnO, SO^3$$

Préparation. — Ce sel est le plus important des

sels de manganèse. On le prépare en attaquant par l'acide sulfurique étendu du carbonate de manganèse La liqueur est purifiée puis concentrée jusqu'à cristallisation.

Propriétés. — C'est un sel rose très soluble dans l'eau qui cristallise avec 7 équivalents d'eau comme le sulfate de fer si la cristallisation a lieu à froid entre 0 et 6 degrés. Entre 7 et 20 degrés, les cristaux ne renferment plus que 5 équivalents d'eau. Le sulfate de manganèse est très fluorescent, ainsi que l'a remarqué M. Lecoq de Boisbaudran.

En mélangeant des solutions à équivalents égaux de sulfate de manganèse et d'un sulfate alcalin, on obtient des sulfates doubles.

Azotate de Manganèse.

$$MnO,AzO^5,6HO$$

Préparation. — On traite par l'acide azotique pur et étendu du carbonate de protoxyde de manganèse.

Propriétés. — Ce sel cristallise difficilement ; il est déliquescent et très soluble dans l'eau.

Carbonate de Manganèse.

$$MnO,CO^2$$

Ce sel se rencontre à l'état naturel ; il est toujours associé aux carbonates de chaux et de fer.

Préparation. — On précipite, par une dissolution de carbonate de soude, du sulfate de manganèse ou du chlorure.

Dans ces conditions, on obtient un sel hydraté en poudre blanche très facilement oxydable.

Chauffé au rouge dans un courant d'hydrogène, il se décompose en protoxyde de manganèse et en acide carbonique. Calciné au contact de l'air, il passe à l'état d'oxyde salin.

Borate de Manganèse.

$$MnO, BoO^3$$

Ce sel s'obtient par double décomposition en mélangeant une dissolution de borate de soude avec une dissolution d'un sel de protoxyde de manganèse.

Caractères des sels de protoxyde de manganèse. — La potasse et la soude donnent un précipité blanc qui s'oxyde rapidement à l'air.

L'ammoniaque ne précipite qu'en partie l'oxyde de manganèse. Il peut même ne pas y avoir trace de précipité en présence des sels ammoniacaux.

Le sulfhydrate d'ammoniaque donne un précipité couleur de chair.

Une réaction très sensible pour déceler la présence de traces de manganèse consiste à chauffer la matière avec de l'acide azotique et du bioxyde de plomb. Il se forme dans ces conditions de l'acide permanganique que l'on reconnaît à sa couleur.

DOSAGE DU MANGANÈSE DANS UN MINERAI. — La dissolution acide renfermant du fer et du manganèse est neutralisée presque complètement par le carbonate de soude. On ajoute alors une certaine quantité d'acétate de soude et on porte à l'ébullition. Le fer seul est précipité et recueilli sur un filtre. Si la liqueur filtrée ne renferme pas de chaux baryte ou magnésie, on précipite le manganèse par le carbonate de soude. Si au contraire le minerai renfermait des bases alcalino-terreuses, il faudrait précipiter le manganèse par le sulfhydrate d'ammoniaque.

Un autre procédé consiste à traiter la liqueur séparée de l'oxyde de fer par un peu d'hypochlorite de soude ou de brome. Le manganèse se précipite alors sous forme de bioxyde de manganèse.

III. Alliages du Manganèse.

Alliages de fer et de manganèse. — Fontes Spiegel. — Historique. — Classification des fontes manganésées.
Fabrication des ferro-manganèses. — Procédé Prieger. — Procédé Henderson. — Fabrication au haut fourneau.
Rôle de manganèse en métallurgie. — Son influence sur les propriétés de l'acier.
Alliages de cuivre et de manganèse. — Bronzes du manganèse. — Laitons.

Le manganèse s'allie assez facilement à la plupart des métaux usuels, mais l'industrie n'utilise encore que les alliages de fer et manganèse et ceux de cuivre et manganèse. Les premiers ont pris une extension considérable depuis qu'ils sont utilisés comme agents d'affinage de l'acier.

ALLIAGES DE FER ET DE MANGANÈSE

Historique. — Depuis longtemps l'Allemagne produit des fontes manganésées connues sous le nom de *fontes Spiegel* on *Spiegeleisen*. Ces fontes qui renfermaient au maximum 10 pour 100 de manganèse étaient produites au haut fourneau en traitant un mélange de minerai de fer et de minerai de manganèse.

On avait bien cherché, dans cette fabrication, à augmenter la teneur en manganèse ; mais jusqu'en 1839 les essais restèrent infructueux ; le manganèse passait dans le laitier.

En 1839, M. Marshal Heath fabriqua à Sheffield des alliages riches en manganèse qu'il vendait aux fabricants d'acier, mais son industrie ne tarda pas à tomber parce que le prix de vente de ce ferro-manganèse était très élevé et que les métallurgistes tournèrent le brevet de l'inventeur anglais en ajoutant un mélange d'oxyde de manganèse et de charbon qui donnait le même résultat.

En 1866, on fabriqua à Bonn des ferro-manganèses à 70 pour 100. Ces alliages qui étaient fabriqués au creuset étaient encore d'un prix relativement élevé, mais étaient cependant couramment employés par les fabricants d'acier.

Enfin, en 1868, une usine française, l'usine de Terrenoire, comprenant tout le parti que l'on pourrait tirer de la fabrication de ces alliages se mit en mesure de livrer à la consommation des ferro-manganèses à 80 pour 100 qu'elle fabriqua d'abord au creuset, puis au four Martin-Siemens.

En 1878, on commença à fabriquer à Terrenoire le ferro-manganèse au haut fourneau; c'était là la vraie solution de la question au point de vue économique.

Avant d'étudier les différents procédés de fabrication, nous croyons devoir dire quelques mots des alliages fabriqués par l'industrie.

Classification. — On est convenu de donner aux fontes manganésées, dont la teneur en manganèse est inférieure à 25 pour 100, le nom de *Spiegeleisen* ou fonte Spiegel. Les fontes renfermant une proportion supérieure, jusqu'à 80 pour 100, sont dénommées ferro-manganèse.

Cette classification repose sur une propriété physique bien nette. Jusqu'à 25 pour 100, les Spiegel sont nettement magnétiques; au delà de cette teneur, elles perdent toute propriété magnétique.

FABRICATION DU FERRO-MANGANÈSE. — *Fabrication au creuset : Procédé Prieger.* — M. Prieger

se servait de creusets en graphite. La charge d'un
creuset se compose de :

Oxyde de manganèse.	10 kilogrammes
Charbon de bois en poudre	2 —
Spiegel à 10 pour 100 Mn	1 —
	13 kilogrammes

La fusion durait 10 heures environ avec une consommation moyenne de 125 kilogrammes de coke
par creuset. Chaque creuset fournissait 4 à 5 kilogrammes d'alliage.

Le prix de revient de cette fabrication était d'environ 3^{fr},25 le kilogramme. Ce prix élevé empêchait
l'emploi courant des ferro-manganèses dans la métallurgie de l'acier.

Procédé Henderson. — M. W. Henderson eut
l'idée de fabriquer le ferro-manganèse au four Martin-
Siemens.

Le laboratoire du four était garni d'un pisé en
graphite.

La charge se composait de minerai de manganèse
mélangé à de la chaux et à du menu de houille lavé.
Le fer était introduit sous forme de limaille de fonte.
La production d'un four était d'environ 300 kilogrammes de ferro-manganèse à 80 pour 100, et la
durée de l'opération était de quinze tonnes au moins.
L'usine de Terrenoire arriva par ce procédé à un prix
de revient de 1400 francs la tonne.

Fabrication au haut fourneau. — Nous nous bornerons à citer le procédé de fabrication suivi à Terrenoire en 1878 dont nous empruntons la description aux articles de M. Pourcel parus dans le *Génie civil* en 1885.

Les minerais employés provenaient d'Espagne et renfermaient environ 50 à 52 pour 100 de manganèse. Le lit de fusion comprenait :

		Fe	Mn
Minerai de Huelva. . . 480 kilog.	14	252
— d'Almeira. . . 200 —	3	100
— de Tafna . . . 20 —	11	»
700 —	28	352

Castine	220
Sulfate de baryte	60

On obtient ainsi des alliages à 83 pour 100 de manganèse.

Le fourneau est soufflé à deux tuyères et la pression du vent est maintenue à 12 centimètres avec une température de 700 degrés environ. La production moyenne a été de 10.500 kilogrammes par 24 heures.

On n'utilisait guère dans cette opération que 75 pour 100 du manganèse introduit dans le lit de fusion. La consommation moyenne a été de 2500 kilogrammes.

Le laitier d'un ferro-manganèse à 83 pour 100 correspondait à la composition suivante :

Silice	27,75
Chaux	39,50
Magnésie	4
Baryte	3,90
Alumine	15,25
Protoxyde de fer.	traces
— manganèse	7,56
Soufre	1,80
	99,76

Rôle du manganèse en métallurgie. — C'est à MM. Troost et Hautefeuille que revient l'honneur d'avoir établi quel était le rôle du manganèse en métallurgie [1], et ce rôle est absolument analogue à celui que joue l'aluminium dans la fabrication de l'acier.

L'acier, en effet, renferme toujours un peu d'oxyde de fer qui s'est formé pendant l'oxydation des impuretés, et c'est sur cet oxyde de fer que vient agir le manganèse qui a plus d'affinité pour l'oxygène que le fer. En outre, le manganèse se scorifie facilement et l'oxyde formé passe dans la scorie plus aisément que l'oxyde de fer.

Les ferro-manganèses à 80 pour 100 renferment environ 5 à 7 pour 100 de carbone, de sorte que, en même temps qu'ils servent d'agent de raffinage, ils peuvent restituer au métal une certaine quantité de carbone.

[1] *Comptes rendus de l'Académie des Sciences*, t. XXXI.

Le manganèse agit également sur le soufre du métal, car on a :

$$Mn + S = MnS + 45^{cal},2$$
$$Fe + S = FeS + 23^{cal},8$$

et le sulfure de manganèse passe dans le laitier, tandis que le sulfure de fer reste dans le métal. On voit par là combien il est intéressant de traiter des minerais manganésifères, si l'on veut obtenir des fontes peu sulfureuses, telles que celles qui sont employées dans l'appareil Bessemer,

Influence du manganèse sur les propriétés de l'acier. — Le manganèse, qui reste toujours en proportion plus ou moins considérable dans les aciers, semble avoir sur leurs propriétés une action heureuse. On n'en laisse guère dans le métal plus de 1 pour 100 et moins de 0,1 pour 100, et cette quantité est suffisante pour donner un acier plus dur, et se travaillant même à chaud. Le manganèse élève la limite d'élasticité et la charge de rupture de l'acier, mais il en diminue l'allongement ; M. Deshayes a établi les formules empiriques suivantes, dans lesquelles R exprime la résistance en kilogrammes par millimètre carré de section, et les symboles chimiques la teneur pour 100 des corps correspondants.

$$R = 30 + 18C + 36C^2 + 18Mn + 15Ph + 10Si$$
$$\text{et} \quad A = 42 - 36C - 5,5Mn - 5Si$$

ALLIAGE DE CUIVRE ET DE MANGANÈSE

Ces alliages ressemblent aux bronzes. Il faut descendre à 8 pour 100 de manganèse pour que le métal soit malléable.

Pour préparer ces alliages, on fond d'abord du ferro-manganèse auquel on ajoute du cuivre fondu. On obtient ainsi des alliages riches qui servent à la fabrication des bronzes au manganèse et des laitons.

Le manganèse sert ici à réduire l'oxyde de cuivre qui existe toujours dans les cuivres du commerce et donne à l'alliage un grain plus compact.

Bronzes au manganèse. — L'industrie produit actuellement d'une façon courante les bronzes au manganèse qui ont une ténacité plus grande que celle des bronzes ordinaires. On fabrique avec ces bronzes des hélices et divers engins que l'on fabriquait auparavant en acier. En présence de l'eau de mer, en effet, ce dernier se corrode très vite, tandis que le bronze de manganèse résiste relativement très bien à l'action du sel marin.

Laitons. — On ajoute souvent un peu de manganèse aux laitons ordinaires. On obtient ainsi des alliages plus homogènes, à grain plus compact et qui sont plus résistants que les laitons ordinaires.

ALLIAGES D'ALUMINIUM ET DE MANGANÈSE

Nous avons parlé de ces alliages en traitant de l'aluminium (voir page 95). Ces alliages n'ont du reste été étudiés que dans les laboratoires, et n'offrent pas, jusqu'à présent du moins, d'intérêt industriel.

ALLIAGES DIVERS

Les alliages du manganèse avec les autres métaux ont été peu étudiés. Bachman a préparé un alliage de chrome et de manganèse qui serait très dur et susceptible de prendre un beau poli.

Le manganèse peut également s'allier au nickel et au cobalt.

CHAPITRE XII

BARYUM

I. Historique. — Préparation du métal. — Propriétés. État naturel.

Scheele. — C'est en étudiant le bioxyde de manganèse que Scheele, en 1774, découvrit la baryte qu'il nomma alors « terre pesante ».

Les nomenclateurs français changèrent ce nom en celui de baryte ($\beta\alpha\rho\upsilon\varsigma$) dont la signification est identique.

Davy. — Scheele reconnut que cette terre avait des propriétés analogues à celles de la chaux et un peu plus tard, en 1808, Davy reprit l'étude de la baryte et démontra que cette terre est, comme la chaux, une combinaison de l'oxygène avec un métal qu'il appela baryum.

Préparation du baryum. — Davy parvint à isoler le baryum par la pile. Il fit une petite capsule en hydrate de baryte qu'il remplit de mercure dans lequel venait plonger le pôle négatif du courant. Sa capsule reposait sur une lame de platine reliée au pôle positif.

Il se forma, dans ces conditions, un amalgame qui, distillé sous le naphte, laissa au fond du tube un dépôt métallique de baryum.

Hare et Bunsen. — Hare préfère électrolyser du chlorure de baryum humide maintenu à une température très basse.

Bunsen au contraire emploie une bouillie claire de chlorure de baryum maintenue à 100 degrés. La cathode est formée d'une tige de platine amalgamée sur laquelle vient se déposer un amalgame de baryum.

Depuis les expériences de Bunsen, on s'est peu occupé de la fabrication du baryum métallique. Ce métal, à cause de sa grande oxydabilité, ne peut, en effet, servir à aucun usage, et, comme réactif, il est inférieur au sodium dont la préparation est plus facile et dont l'équivalent est plus faible.

Propriétés du métal. — Le baryum appartient au groupe des métaux alcalino-terreux qui comprend, en outre, le calcium et le strontium.

Sa formule est Ba $= 68,5$.

Sa couleur est celle de l'argent dont il a également l'éclat ; il est un peu malléable. Il fond à une température voisine du rouge sombre et commence à se volatiliser à une température un peu plus élevée.

On ne connaît pas exactement la densité du baryum ; on sait seulement qu'elle est supérieure à 1,5.

Très avide d'oxygène, le métal s'oxyde rapidement à l'air.

Il décompose l'eau à froid à la façon du sodium et du potassium et dégage de l'hydrogène.

$$Ba + HO = BaO + H$$

État naturel. — Deux combinaisons barytiques se rencontrent assez fréquemment dans la nature, ce sont le carbonate de baryte appelé aussi withérite et le sulfate de baryte appelé aussi barytine ou spath pesant.

Withérite. — La withérite se rencontre sous deux états : en cristaux ou en rognons à texture fibreuse. On trouve ce minéral dans les terrains de transition et carbonifère, dans le granit et le porphyre.

La withérite est blanche, parfois souillée de fer qui la colore en jaune, sa densité est de 4,2, sa dureté, 3 à 3,5. Elle peut contenir du fer, du sulfate de baryte, du carbonate de chaux et quelquefois du sulfate et du carbonate de strontiane, du quartz et de l'argile.

Voici à titre de curiosité l'analyse d'un échantillon de baryte carbonatée du Cumberland auquel Thomson a donné le nom de sulfato-carbonate de baryte [1].

Carbonate de baryte	64,72
Sulfate de baryte	34,70
Carbonate de chaux	0,18
Eau	0,40
	100 »

Barytine. — La barytine existe comme la withérite à l'état cristallisé et sous forme compacte et terreuse. Elle accompagne fréquemment les minerais métalliques. Sa densité est de 4,5, et sa dureté de 3,5.

Voici la composition de différentes variétés de barytine [2] (voir tableau ci-contre).

[1] Nivoit, *Baryum, Strontium, Calcium* (Encyclopédie Frémy).

[2] Nivoit et Margottet, *Baryum, Strontium, Calcium* (Encyclopédie Frémy).

DIFFÉRENTES VARIÉTÉS DE BARYTINE	SULFATE de baryte	SULFATE de strontium	SULFATE de chaux	OXYDE DE FER aluminium silice	EAU	MATIÈRES bitumineuses
Barytine cristallisée du Cumberland	99.55	»	»	0.45	»	»
Barytine lamelleuse de Nuttield	99,37	»	»	0.05	0,07	»
Barytine de Konigsberg	98.20	»	»	0.60	»	1.20
Barytine saccharoïde de Pezey (Savoie)	97.80	»	1,40	0.10	»	0.60
Barytine de Bologne	94.10	»	3,40	2.50	»	0,70
Barytine bacillaire du Hartz	97.50	0.85	0.80	0,15	0,70	»
Barytine concrétionnée de Chaudefontaine	92.60		5,40	1,50	0,50	»
Barytine argileuse de Curban	86.50	»	8,60	3.20	»	1,40
Barytine du Derbyshire	51,50	»	48,50	»	»	»
Barytine de Goerzig (Prusse)	83,48	15,12	0,89	0.25	»	»
Barytine de Naurod (Nassau)	89,47	1,85	»	8,44	0,08	»

II. Composés du Baryum.

Combinaisons oxygénées. — On connaît deux
combinaisons oxygénées du baryum; le protoxyde
appelé aussi baryte et le bioxyde. D'après Rammelsberg, il existerait un oxyde plus élevé qui corres-
pondrait à la formule BaO^3.

$$BaO = 76,6$$

BARYTE ANHYDRE

La baryte anhydre est une poudre d'un blanc
grisâtre. Sa densité est de 4,73, d'après Karsten.
Elle est indécomposable par la chaleur et peut
être fondue au chalumeau à gaz oxhydrique.

La baryte est une base puissante dont les sels sont très fixes. Elle est comme la chaux, très avide d'eau et présente comme elle le caractère du foisonnement ; la matière arrosée d'eau se gonfle, se fendille, puis se délite.

Cette hydratation se produit avec un dégagement de chaleur considérable ; lorsqu'on verse une petite quantité d'eau sur de la baryte caustique, l'échauffement est tel qu'une grande partie de l'eau se volatilise et que l'on peut même arriver jusqu'à l'incandescence. On a en effet :

$$BaO + HO = BaO,HO + 8,8 \text{ calories}$$

La baryte hydratée ou hydrate de baryte, qui cristallise avec neuf équivalents d'eau et correspond à la formule BaO,9HO, ne peut plus être ramenée par la chaleur à l'état de baryte caustique ; elle conserve toujours un équivalent d'eau, quelle que soit la température à laquelle on la soumette.

La baryte est soluble dans l'eau qui en dissout le 1/20 de son poids à 15 degrés et cette solubilité augmente avec la température.

La dissolution d'hydrate de baryte est limpide, incolore ; elle se trouble tantôt à l'air parce qu'elle absorbe l'acide carbonique pour donner du carbonate.

Usages. — La baryte a des applications industrielles assez importantes. Elle sert dans la fabrication de certains produits chimiques pour précipiter l'acide sulfurique à l'état de sulfate de baryte insoluble. Son principal emploi est le procédé imaginé par Dubrunfaut pour le traitement des mélasses. Si l'on met en présence une mélasse renfermant une quantité toujours assez considérable de sels et une dissolution d'hydrate de baryte, il se forme un sucrate de baryte insoluble que l'on sépare de la dissolution saline. Ce sucrate de baryte est ensuite traité par l'acide carbonique qui remet le sucre en liberté et donne du carbonate de baryte.

On emploie également la baryte dans le raffinage du sucre; ce procédé est employé par la raffinerie Lebaudy [1].

Fabrication de la baryte. — Le procédé de fabrication qui sert pour l'extraction de la chaux du carbonate de chaux n'est pas applicable à la baryte. Il faut une température extrêmement élevée qui ne peut être que difficilement atteinte dans la pratique.

Emploi du carbonate de baryte et du charbon. — On peut cependant fabriquer la baryte en utilisant le carbonate de baryte mélangé de charbon. Le charbon est ajouté dans la proportion de 7 à 8 pour 100; cette addition facilite la décomposition et il se forme de l'oxyde de carbone.

---

[1] Voy. Paul Horsin-Déon, *Le Sucre* (Bibliothèque des connaissances utiles, 1894).

$$BaO,CO^2 + C = BaO + 2CO$$

La baryte que l'on obtient par ce procédé est mélangée de charbon, ce qui a peu d'importance, si on doit la dissoudre dans l'eau.

Emploi du nitrate de baryte. — Un autre procédé plus coûteux, mais qui permet d'obtenir de la baryte plus pure, consiste à préparer d'abord du nitrate de baryte par l'action de l'acide azotique sur le carbonate et à calciner ce nitrate en creuset fermé.

La masse commence par se gonfler, puis se décompose. On peut recueillir les vapeurs nitreuses qui se dégagent et les utiliser pour une opération ultérieure. La baryte obtenue par ce procédé est une masse poreuse d'un blanc gris qui renferme toujours un peu de silice empruntée au creuset.

Ce procédé est surtout employé pour la fabrication de baryte destinée à être transformée en bioxyde de baryum qui sert lui-même à la fabrication de l'eau oxygénée.

Emploi du sulfure de baryum. — On peut aussi employer le sulfure de baryum à la fabrication de la baryte. Ce procédé est avantageux parce que le prix de revient du sulfure de baryum est relativement peu coûteux comme nous le verrons en parlant de la fabrication de ce produit.

Si l'on veut obtenir la baryte caustique, il faut traiter le sulfure par l'acide azotique, il se dégage de l'acide sulfhydrique et il reste finalement du nitrate de baryte que l'on traite comme ci-dessus.

Si au contraire on veut obtenir de l'hydrate de baryte, il suffit de faire bouillir les dissolutions de sulfure en présence d'oxyde de cuivre ou de zinc; il se forme de l'hydrate de baryte qui se dissout et un sulfure métallique insoluble.

$$BaS + ZnO,HO = BaO,HO + ZnS$$

BIOXYDE DE BARYUM

$$BaO^2$$

Ba = 68,60		Ba = 81,09
O² = 16 »		O² = 18,91
Équivalent 84,60		100 »

Le bioxyde de baryum a été découvert par Thénard, en 1818.

Propriétés. — C'est un corps solide, d'un blanc grisâtre, insoluble dans l'eau, exempt d'odeur et de saveur.

Soumis à l'action de l'eau il se délite sans dégagement de chaleur pour donner un hydrate qui correspond à la formule $BaO^2 8HO$. Cet hydrate est instable et abandonne 1 équivalent d'oxygène à la température d'ébullition du liquide.

Le bioxyde de baryum chauffé au rouge abandonne un équivalent d'oxygène pour donner de la baryte caustique qui, elle-même, chauffée au rouge sombre, repasse à l'état de bioxyde.

Extraction de l'oxygène de l'air. — M. Boussingault a songé à utiliser ce cycle de réactions pour extraire l'oxygène de l'air. On chauffe dans des tubes du bioxyde de baryum qui dégage 1 équivalent d'oxygène, puis on modère la température et on fait arriver un courant d'air sur la baryte caustique et ainsi de suite.

Action des acides. — Mis au contact des acides étendus, le bioxyde de baryum donne du bioxyde d'hydrogène ou eau oxygénée :

$$BaO^2 + HCl = BaCl + HO^2$$

Cette réaction est mise à profit pour la fabrication industrielle de l'eau oxygénée dont les usages deviennent de jour en jour plus nombreux.

Fabrication du bioxyde de baryum. — L'action de la chaleur modérée sur la baryte caustique est également mise à profit pour la préparation industrielle du bioxyde de baryum qui sert à la préparation de l'eau oxygénée.

On prépare d'abord comme nous l'avons vu de la baryte caustique en calcinant le nitrate, puis on chauffe au rouge sombre, sur la sole d'un four à réverbère, la baryte retirée des creusets, de façon à transformer le protoxyde en bioxyde.

CHLORURE DE BARYUM

BaCl

Équivalent	Composition
Ba = 68.60	65,94
Cl = 35,46	34.06
104.06	100 »

Propriétés. — Le chlorure de baryum est blanc, soluble dans l'eau insoluble dans l'alcool et dans l'acide chlorhydrique concentré.

Le chlorure cristallise avec deux équivalents d'eau $BaCl + 2HO$; il perd cette eau de cristallisation lorsqu'on le chauffe à 200 degrés environ. A une température élevée, il entre en fusion sans se décomposer.

La densité du sel cristallisé et de 3,05; celle du sel fondu atteint 3,70.

Usages. — Le chlorure de baryum est un réactif précieux pour les laboratoires, puisqu'il permet de déceler des quantités infiniment petites d'acide sulfurique et de doser cet acide sous forme de sulfate de baryte.

Dans l'industrie, il sert surtout à la préparation du sulfate de baryte artificiel appelé aussi blanc fixe; on l'utilise également pour éliminer l'acide sulfurique de certains chlorures.

On l'emploie parfois pour épurer certaines eaux

sulfatées qui sont destinées à alimenter des chaudières à vapeur. Il se forme dans ce cas du sulfate de baryte et du chlorure de calcium qui à cause de sa solubilité ne risque pas de produire des incrustations si à redouter avec les eaux séléniteuses.

Fabrication du chlorure de baryum. — Le procédé le plus simple consiste à attaquer à froid la witherite ou carbonate de baryte naturel, par l'acide chlorhydrique. Le liquide neutralisé doit avoir une densité de 1,282 à 15 degrés s'il est saturé. Il faut souvent épurer le liquide qui renferme du fer provenant de la witherite. Pour cela, il suffit de laisser le liquide en contact avec un léger excès de witherite tout le fer est précipité au bout de quelques heures. Le liquide clair est envoyé dans les bacs de concentration. Si l'on veut obtenir de beaux cristaux, il faut arrêter l'évaporation lorsque le liquide bouillant marque 35 degrés Baumé.

Procédé au sulfure. — On peut également traiter par l'acide chlorhydrique, le sulfure de baryum obtenu dans la réduction du sulfate par le charbon ; mais ce procédé est difficile à employer industriellement à cause du dégagement abondant d'hydrogène sulfuré qu'il faut alors recueillir et utiliser.

Procédé au chlorure de calcium. — Si l'on chauffe au rouge vif un mélange de sulfate de baryte et de chlorure de calcium à équivalents égaux, il se produit une double décomposition.

$$BaO,SO^3 + BaCl = BaCl + CaO,SO^3$$

Cette réaction est inverse de celle qui se produit si l'on fait réagir par voie humide du sulfate de chaux sur du chlorure de baryum.

$$BaCl + CaO,SO^3 = BaO.SO^3 + CaCl$$

Ce procédé n'est pratique qu'autant que l'on ajoute du charbon et de la limaille de fer au mélange, de façon à former des sulfures de fer et de chaux qui sont insolubles et ne viennnent pas agir sur le chlorure de baryum comme le ferait le sulfate de chaux au moment du lessivage.

Procédé Kuhlmann. — Ce procédé est de beaucoup le plus économique parce qu'il utilise des matières sans grande valeur ; il consiste à faire réagir sur du sulfate de baryte un mélange de charbon et de chlorure métallique ; Kuhlmann utilisait pour cette fabrication le chlorure de manganèse résidu de la fabrication du chlore. Les réactions ont lieu dans ce sens :

$$BaO,SO^3 + MnCl + 4C = BaCl + MnS + 4CO$$

En réalité il se forme également de l'hyposulfite de baryte.

Les résidus de chlorure de manganèse sont neutralisés par du carbonate de baryte naturel, puis on les évapore en présence du charbon et du sulfate, jusqu'à ce qu'on obtienne une pâte épaisse. On pousse alors la température jusqu'au rouge que l'on maintient pendant une heure environ. La matière défournée est exposée un certain temps à l'air de façon à oxyder l'hyposulfite de baryte. Elle est ensuite lessivée dans des appareils analogues à ceux qui sont utilisés dans la fabrication du carbonate de soude. Il peut se faire que le liquide renferme du chlorure de manganèse; on l'éliminera en ajoutant un peu de sulfure de baryum. Si au contraire le liquide renfermait du sulfure de baryum, on ajouterait suffisamment de chlorure de manganèse pour que le liquide ne marque plus à l'un de ces deux réactifs.

Kuhlmann opérait dans un four à réverbère qui servait à la fois à évaporer les liqueurs de chlorure et à calciner le mélange.

Nous avons eu l'occasion d'étudier ce procédé avec M. Asselin, fabricant de produits chimiques à Saint-Denis, et les résultats de nos essais nous ont conduit à établir que l'on ne peut obtenir un bon rendement qu'en opérant dans des creusets ou dans des appareils analogues aux cornues à gaz. Dans ces conditions, on peut arriver à chlorurer jusqu'à 92 pour 100 de sulfate de baryte.

Ce procédé n'est guère employé à cause de la difficulté de se procurer à bas prix des chlorures métalliques. En effet, depuis que la grande industrie chimique a adopté le procédé Weldon pour la régénération du chlorure de manganèse, on ne peut plus se procurer ce produit qu'en quantité très limitée.

De plus ce procédé exige une installation assez coûteuse et des ouvriers exercés, tandis que la fabrication du chlorure de baryum par la witherite et l'acide chlorhydrique peut être conduite par le premier venu et ne nécessite comme matériel que quelques cuves en bois.

Au point de vue économique, l'avantage reste cependant au procédé Kuhlmann, à cause de la grande différence qui existe entre les prix de vente de la witherite et de la barytine. Ce dernier produit vaut 2 à 3 francs les 100 kilogrammes, tandis que la witherite se vend environ 10 à 12 francs.

FLUORURE DE BARYUM
$BaFl$

Propriétés. -- Ce sel est blanc, très peu soluble dans l'eau, soluble dans les acides ; il est fixe même à une température élevée.

Préparation. — On fait digérer du carbonate de baryte fraîchement précipité et encore humide avec un excès d'acide fluorhydrique.

FLUOCHLORURE DE BARYUM
$BaCl,BaFl$

Ce sel prend naissance quand on dissout le fluorure de baryum dans l'acide chlorhydrique et que l'on traite la dissolution par l'ammoniaque.

FLUOBORATE DE BARYUM

$$BaFl,2BoFl^3$$

Ce fluosel se prépare en ajoutant à de l'acide hydrofluoborique étendu du carbonate de baryte jusqu'à ce que celui-ci cesse de se dissoudre entièrement.

Ce sel a une réaction acide ; il est efflorescent à + 40 degrés, mais il est déliquescent dans l'air humide. Le sel cristallisé a pour formule :

$$BaFl,2BoFl^3,2HO$$

FLUOSILICATE DE BARYUM

$$BaFl^3,2SiFl^3$$

Ce sel cristallise anhydre ; il est peu soluble dans l'eau froide. La chaleur le décompose en fluorure de baryum et fluorure de silicium qui se dégage.

BROMURE DE BARYUM

$$BaBr$$

Ce sel est très soluble dans l'eau ; il est isomorphe du chlorure. On le prépare en attaquant la baryte ou le carbonate par l'acide bromhydrique.

IODURE DE BARYUM

$$BaI$$

On n'a sur ce sel que des données peu certaines. Il est blanc, infusible et très soluble dans l'eau.

SULFURES DE BARYUM

Le baryum est susceptible de former avec le soufre plusieurs combinaisons qui sont :

Le monosulfure.	BaS
Le trisulfure	BaS^3
Le tétrasulfure	BaS^4
Le pentasulfure.	BaS^5
Le sulfhydrate de sulfure . . .	$BaSHS$

Propriétés. — De ces divers composés, le mono-sulfure seul a été bien étudié. Il est blanc gris, d'une saveur hépatique et cristallise avec six équivalents d'eau. Même au rouge, ce sel s'oxyde difficillement.

Préparation. — On forme une pâte avec du sulfate de baryte et du charbon que l'on chauffe au rouge dans des creusets en terre et on laissse refroidir à l'abri de l'air.

Ce produit peut servir comme nous l'avons vu à la fabrication des principaux sels de baryte.

Il faut avoir soin, lorsque l'on fabrique le sulfure de baryum, d'élever la température jusqu'au rouge vif. Si cette température n'était pas atteinte, on obtiendrait des polysulfures.

Il se forme également des oxysulfures lorsqu'on laisse longtemps au repos une dissolution saturée de sulfure dans un flacon bouché.

AZOTATE DE BARYTE

BaO, AzO^5

$$BaO = 76,64 \qquad 41,34$$
$$AzO^5 = 54,00 \qquad 58,66$$
$$\overline{130,64} \qquad \overline{100 \text{ »}}$$

Propriétés — L'azotate de baryte cristallise anhydre en cristaux blancs ou transparents. Sa densité est de 3,20. 100 parties d'eau dissolvent 5 parties de sel à 0 degré, 8 parties à 15 degrés et 35,71 à 101 degrés. Il est insoluble dans l'acide azotique et dans l'alcool.

Au-dessus de 200 degrés, l'azotate de baryte décrepite, fond et se transforme en azotite qu'une chaleur plus forte décompose en baryte anhydre, puis en bioxyde de baryum.

Fabrication. — Le procédé le plus simple consiste à traiter le carbonate par l'acide azotique. On peut également décomposer le sulfure de baryum par l'acide azotique, mais il faut avoir soin dans ce cas de ne pas employer l'acide concentré qui oxyderait une partie du sulfure et le ferait passer à l'état de sulfate.

Un autre procédé consiste à traiter une dissolution de sulfure de baryum par une dissolution concentrée et chaude de nitrate de soude. Par refroidissement, il se sépare des cristaux d'azotate de baryte et il reste dans la liqueur du sulfure de sodium.

Usages. — Outre son emploi dans les laboratoires où il constitue un réactif précieux, ce sel sert comme nous l'avons vu à préparer la baryte anhydre et le bioxyde de baryum.

Il sert également en pyrotechnie pour la fabrication des feux de Bengale; il communique à la flamme une belle couleur verte; cette propriété est commune du reste à tous les sels de baryte.

SULFATE DE BARYTE

$$BaO,SO^3$$

BaO $=$	76,64	34,29
SO^3 $=$	40 »	65,71
	116,64	100 »

Le sulfate de baryte se rencontre à l'état naturel sous le nom de barytine. Préparé artificiellement, il est blanc, insoluble dans l'eau et dans les acides. A une température très élevée, il fond et donne un émail blanc. Il est indécomposable par la chaleur rouge, mais au blanc, il commence à se dissocier en ses éléments.

Préparé par précipitation, le sulfate de baryte est

amorphe ; pour obtenir le sel cristallisé, il faut fondre dans un creuset un mélange de sulfate de soude et de chlorure de baryum.

Fabrication industrielle. — Le procédé de fabrication est des plus simples, mais au point de vue pratique il nécessite certains tours de main qui permettent d'obtenir le sulfate sous une forme très fine propre aux applications de ce produit.

D'après Kuhlmann, on ajoute à la dissolution saturée de chlorure de baryum obtenue par un des procédés dont nous avons parlé, de l'acide sulfurique étendu à 30 degrés Baumé, jusqu'à ce qu'il ne se forme plus de précipité. On brasse le tout et on laisse reposer.

Le liquide qui surnage est siphonné ; c'est une dissolution étendue d'acide chlorhydrique qui marque 6 degrés Baumé environ, et qui pourra être employée à l'attaque d'une nouvelle quantité de carbonate ou de sulfure.

$$BaCl + SO^3, HO = BaO, SO^3 + HCl$$

Le précipité de sulfate est alors lavé à l'eau jusqu'à ce que l'on constate la neutralité du liquide au tournesol. On a ainsi une pâte que l'on soumet à une certaine pression dans des filtres-sacs, de façon à obtenir finalement un produit qui renferme de 30 à 33 pour 100 d'eau.

C'est sous cette forme que le produit est livré au commerce plutôt que sous forme de poudre sèche, parce qu'il reprend difficilement, après dessiccation, l'état de division extrême qu'il possède au moment de sa précipitation.

Usages. — Le sulfate de baryte, aussi appelé blanc fixe ou blanc de baryte, a des applications très variées.

Il sert à donner du lustrage à certains calicots et sa grande application est le glaçage des papiers, cartes, cartons, etc.

On emploie également le blanc de baryte en peinture, car il offre de grands avantages sur la céruse qui noircit, aux vapeurs sulfureuses. Malheureusement il est comme le blanc de zinc, peu couvrant, et de plus il ne peut guère s'employer que dans la peinture à la détrempe.

Il y aurait une foule d'autres applications à citer, que le sulfate de baryte doit à son poids spécifique élevé et à sa fixité. Ces propriétés toutes spéciales sont mêmes exploitées par certains commerçants peu scrupuleux qui falsifient leurs produits avec le sulfate de baryte, à cause de son insolubilité et de son poids spécifique élevé.

Caractères analytiques des sels de baryum. — Les sels de baryte donnent avec l'acide sulfurique un précipité blanc insoluble dans les acides. Cette réaction est caractéristique des métaux alcalino-terreux. Les sels de baryum se distinguent des sels de strontium et de calcium en ce qu'ils précipitent de suite avec une dissolution de sulfate de chaux.

Les carbonates alcalins précipitent la baryte à l'état de carbonate attaquable par les acides.

L'acide hydrofluosilicique donne un précipité blanc presque insoluble dans l'acide chlorhydrique.

Le chromate de potasse donne un précipité jaune de chromate de baryte presque insoluble dans l'eau, soluble dans l'acide chlorhydrique.

Les sels de baryte colorent la flamme en vert pâle et donnent au spectroscope une série de raies vertes caractéristiques.

Strontium

Historique. — Etat naturel. — Propriétés. — Combinaisons du strontium.

Historique. — Le strontium fut isolé en 1807 en même temps que le baryum par Davy. Depuis 1790, on connaissait un minéral que l'on croyait être un carbonate de baryte et qui avait été découvert en Ecosse près du cap Strontian.

Préparation du métal. — On le prépare de la même façon que le baryum. Le strontium a un éclat métallique faible, sa densité est de 2,54 et il fond au rouge naissant.

Etat naturel. — Le strontium, comme le baryum et le calcium, se trouve surtout dans la nature à l'état de carbonate et de sulfate.

STRONTANITE. — La strontanite ou strontiane carbonatée accompagne surtout, sous forme de filons, la galène, la pyrite ou la blende. Sa densité est de 3,65 et sa dureté de 3,5. Elle renferme toujours des impuretés, principalement de la chaux.

La strontiane se rencontre également dans certaines eaux minérales (Vichy, Saint-Allyre, Vic, Saint-Galmier).

CÉLESTINE. — La strontiane sulfatée naturelle ou célestine se présente sous les mêmes formes que la barytine.

Sa densité est de 3,89. Elle doit son nom de célestine à une variété fibreuse qui a une teinte bleu clair.

COMPOSÉS DU STRONTIUM

Tout ce que nous avons dit en traitant des composés du baryum s'applique aux composés du strontium.

Le protoxyde de strontium ou strontiane est comme la baryte, hygroscopique ; mélangée à l'eau, elle s'hydrate avec un fort dégagement de chaleur.

On connaît également un bioxyde de strontium.

Les chlorure, bromure, iodure et fluorure de strontium se préparent comme les composés barytiques et ont des propriétés analogues.

Les seuls composés qui semblent avoir reçu jusqu'ici une application sont l'hydrate et l'azotate.

L'hydrate a été employée de préférence à la baryte pour le traitement des mélasses de raffinerie.

Quant à l'azotate il sert en pyrotechnie pour colorer les feux d'artifice en rouge intense.

Caractères analytiques. — Il est assez délicat de séparer par l'analyse la strontiane de la baryte. Un seul réactif peut servir dans ce cas, c'est l'acide hydrofluosilicique qui donne avec la baryte un précipité insoluble, tandis que l'hydrofluosilicate de strontiane est soluble.

La coloration de la flamme en rouge intense est caractéristique des sels de strontiane, mais il ne faut pas perdre de vue que cette coloration pourrait masquer la coloration vert pâle de la baryte, même si cette dernière base dominait. Il faudrait alors se servir du spectroscope.

Les autres réactions sont communes aux sels des deux métaux.

CHAPITRE XIII

CALCIUM

Historique. — Le calcium, indiqué par Davy, a été isolé par Seebeck en 1808.

Préparation. — Son mode de préparation est analogue au procédé de préparation du baryum et du strontium. Matthiessen l'a préparé en électrolysant du chlorure de calcium. Caron l'a préparé en traitant du chlorure de calcium par un mélange de grenaille de zinc et de sodium ; il obtenait ainsi un alliage renfermant 10 à 15 pour 100 de calcium. En chauffant fortement cet alliage dans un creuset en charbon de cornue, le zinc est volatilisé et il se rassemble du calcium métallique au fond du creuset.

Le calcium n'ayant comme ses congénères aucune

application, sa métallurgie n'a guère subi de modifications depuis Caron.

Propriétés. — C'est un métal de couleur jaune clair qui possède un vif éclat lorsqu'il vient d'être mis à nu. Sa cassure est grenue et sa dureté se rapproche de celle du spath. Il peut être travaillé et laminée. Sa densité serait de 1,58 d'après Bunsen et de 1,80 d'après Caron. Il est très peu volatil.

Le calcium ne s'oxyde pas dans l'air complètement sec; dans l'air humide il s'oxyde rapidement et se transforme en hydrate de chaux.

A la température du rouge, il fond, puis brûle en jetant un vif éclat. Il se combine au soufre fondu avec dégagement de chaleur. La vapeur de phosphore agit également sur le calcium.

L'eau est décomposée par le calcium à la température ordinaire et la décomposition met de l'hydrogène en liberté.

$$Ca + HO = CaO + H$$

Etat naturel. — Le calcium combiné aux métalloïdes est le plus répandu des trois métaux alcalino-terreux et c'est surtout à l'état de sulfate, carbonate, silicate, phosphate et fluorure qu'on le rencontre le plus souvent.

GYPSE

Le gypse ou sulfate de chaux hydraté naturel se trouve dans presque toutes les formations géologiques, mais c'est surtout dans les terrains tertiaires qu'on le rencontre en quantité considérable.

Le gypse existe à l'état cristallisé ou en masses lamellaires, fibreuses, saccharoïdes ou compactes.

ALBATRE

Le sulfate de chaux saccharoïde constitue l'albâtre qui sert aux objets d'ornementation. On lui donne également le nom d'albâtre gypseux pour le distinguer d'une forme particulière de calcaire à laquelle on a donné le nom d'albâtre calcaire.

Usages. — Le sulfate de chaux a de grandes applications. Dans les constructions il est utilisé comme ciment; dans les arts il sert aux moulages.

STUC

On peut donner aux objets en plâtre une dureté très grande en le gâchant avec de l'eau contenant de la gélatine; il prend alors le nom de stuc et est utilisé pour la fabrication des objets qui doivent présenter une certaine résistance.

CALCAIRE

Il est peu de minéraux qui se présentent sous des formes aussi variées que le carbonate de chaux.

Cristallisé, il constitue la calcite ou l'aragonite suivant le système de cristallisation. Fibreux, il forme les stalactites, les stalagmites, et les incrustations de certaines sources.

Le calcaire saccharoïde est utilisé dans les arts et constitue ce que l'on appelle le marbre statuaire.

A l'état compact il constitue le marbre, le calcaire oolithique, etc.

La craie est un calcaire terreux auquel se rattache le calcaire grossier, employé comme pierre à bâtir, la marne, etc.

Dans le règne animal, le calcaire joue également un rôle important, puisque les os en contiennent environ 10 pour 100 de leur poids.

PHOSPHORITE ET APATITE

Le phosphate de chaux basique correspondant à la formule $(3CaO)PhO^5$ se trouve dans beaucoup de formations minérales dans lesquelles il peut se présenter sous deux formes. Amorphe, il constitue la phosphorite; cristallisé, il prend le nom d'apatite.

Usages. — Le phosphate de chaux est très

employé depuis quelques années par les agriculteurs ; il sert à restituer aux terres arables le phosphate nécessaire à la nutrition des plantes. On l'emploie tel quel ou à l'état de superphosphate, composé plus facilement assimilable que le phosphate basique.

SPATH FLUOR

Le fluorure de calcium appelé aussi spath fluor par les minéralogistes se trouve presque toujours à l'état cristallin.

Le spath fluor renferme presque toujours de l'argile, du quartz, du carbonate de chaux et du sulfate de chaux.

Il accompagne souvent certains minerais métalliques (minerais d'étain du Cornouailles) et se retrouve dans certaines eaux minérales (Carlsbad, Bourbonne les Bains, etc.).

Usages. — Le spath fluor sert surtout comme fondant métallurgique et pour la fabrication de l'acide fluorhydrique.

II. **Composés du calcium.**

Les combinaisons du calcium ont une telle analogie avec celles du baryum et du strontium que nous ne parlerons que des composés ayant des applications industrielles. Nous nous arrêterons tout particulièrement sur la préparation de la chaux et des produits qui s'y rattachent ainsi que sur la fabrication des superphosphates.

CHAUX

$$
\begin{array}{ll}
Ca = 20 \;\text{»} & 71,43 \\
O \;= \;8 \;\text{»} & 28,57 \\
\hline
 28 \;\text{»} & 100 \;\text{»}
\end{array}
$$

La chaux ou protoxyde de calcium a été longtemps considérée comme un corps simple, c'est Davy qui, le premier, a démontré que ce corps était le résultat de la combinaison de l'oxygène avec un métal, le calcium.

Propriétés. — La chaux est une substance blanche qui peut cristalliser en hexaèdres. Elle résiste bien aux températures élevées, mais elle peut être fondue dans l'arc électrique.

M. Moissan est arrivé à fondre une certaine quantité de chaux dans le four électrique qui lui a servi, dans le courant de l'année 1893, à faire des expériences sur la fusion des métaux.

La chaux est caustique comme la baryte et elle est comme celle-ci très avide d'eau. La combinaison de l'eau avec la chaux a lieu également avec un grand dégagement de chaleur et le maximum de chaleur s'obtient lorsqu'on ajoute à la chaux environ la moitié de son poids d'eau.

Lorsqu'elle s'hydrate, la chaux foisonne; elle augmente de volume et, finalement, se délite complètement.

La chaux hydratée ainsi obtenue porte alors le nom de chaux éteinte par opposition à celui de chaux vive donné à la chaux caustique.

Lorsqu'on ajoute un excès d'eau à la chaux éteinte jusqu'à avoir une bouillie claire, on obtient ce que l'on appelle un lait de chaux.

La chaux se dissout dans l'eau en faible proportion; et cette solubilité dépend, d'après Lamy, d'une foule de circonstances, et surtout de son mode de préparation.

Solubilité. — Elle présente ce fait particulier, qu'elle est plus soluble à froid qu'à chaud. Un litre d'eau en dissout.

$$
\begin{array}{lcl}
^{gr} & & \\
1,362 & \text{à} & 0 \text{ degré} \\
1,311 & - & 10 \quad - \\
1,277 & - & 15 \quad - \\
1,142 & - & 30 \quad - \\
0,996 & - & 45 \quad - \\
0,844 & - & 60 \quad - \\
0,562 & - & 100 \quad -
\end{array}
$$

Eau de chaux.

La dissolution de chaux qui porte aussi le nom d'*eau de chaux* est d'une limpidité toute spéciale; à l'air, elle ne tarde pas à absorber de l'acide carbonique qui vient précipiter du carbonate de chaux.

La chaux forme avec les acides des combinaisons analogues aux sels de baryte.

Avec le sucre elle forme un sucrate de chaux soluble, et cette réaction est utilisée en sucrerie pour déféquer les jus sucrés.

Usages. — Les usages de la chaux sont nombreux : elle sert surtout dans la fabrication des matériaux de construction, dans les sucreries et les tanneries où elle sert à gonfler les peaux. Elle est utilisée également pour fabriquer les alcalis cautisques, ayant dans certaines conditions plus d'affinité pour l'acide carbonique que la soude ou la potasse.

$$NaO,CO^2 + CaO = CaO,CO^2 + NaO$$

La chaux sert aussi, en agriculture, pour amender les terres trop argileuses. Elle rend la terre plus poreuse et la végétation moins pénible.

Fabrication de la chaux. — Dans les laboratoires on prépare la chaux pure en calcinant l'azotate de chaux à haute température.

L'industrie ne peut, évidemment, pas utiliser ce mode de fabrication qui serait trop coûteux; elle emploie le carbonate de chaux ou calcaire, qui est d'une valeur très minime, et qui, calciné à haute température, se dissocie en acide carbonique et en chaux caustique.

Choix des calcaires. — Les calcaires ne sont jamais purs et on comprend facilement que la composition d'un calcaire aura une importance capitale sur les propriétés de la chaux qu'il donnera après la cuisson.

Outre le carbonate de chaux, les calcaires peuvent renfermer du carbonate de magnésie, de l'oxyde de fer, de l'oxyde de manganèse, de l'argile et du sable en quantités très variables, qui retarderont plus ou moins la prise de la chaux.

Différentes variétés de chaux. — On divise les chaux en chaux aériennes et chaux hydrauliques.

Chaux aériennes.

On appelle ainsi les chaux qui font prise à l'air et qui sont employées dans les constructions ordinaires. Elles se subdivisent elles-mêmes en deux groupes : les chaux grasses et les chaux maigres.

Chaux grasses. — Plus le calcaire que l'on emploie est pur, plus la chaux que l'on obtient est grasse. Cette chaux est blanche, onctueuse au toucher et dégage, lorsqu'on l'éteint, une grande quantité de chaleur, tandis que son volume augmente beaucoup. Elle forme avec l'eau une pâte épaisse et liante.

Chaux maigres. — La chaux maigre, au contraire, provient de calcaires impurs, renfermant un peu de magnésie, de fer et d'argile. Elle a une couleur grise et s'éteint dans l'eau sans grand dégagement de chaleur ni augmentation de volume. Elle forme avec l'eau une pâte courte et peu liante.

Chaux hydrauliques.

Ces chaux, comme leur nom l'indique, servent dans les maçonneries destinées à un long séjour sous l'eau où elles se solidifient au bout d'un certain temps et deviennent très dures. La chaux hydraulique doit ses propriétés à l'argile qu'elle renferme; elle provient de la calcination d'un calcaire renfermant de 10 à 30 pour 100 d'argile, et entre ces limites l'hydraulicité d'une chaux augmente avec la proportion d'argile qu'elle renferme.

Les chaux hydrauliques sont jaunâtres à cause de l'oxyde de fer qui les colore ; elles ne font pas prise à l'air, s'éteignent sans grand dégagement de chaleur et donnent une pâte courte et peu liante.

CIMENTS

Il existe enfin une dernière variété de chaux qui a la propriété de prendre en quelques instants soit à l'air, soit sous l'eau.

Les chaux servant à la fabrication des ciments proviennent de calcaires renfermant de 30 à 60 pour 100 d'argile.

Il existe à Boulogne-sur-Mer et à Vassy d'importants gisements de calcaires à ciments.

Vicat, à qui revient l'honneur d'avoir étudié à fond

la question des chaux et ciments, a démontré que l'on pouvait fabriquer de toutes pièces les chaux hydrauliques et les ciments en incorporant aux chaux grasses une proportion suffisante d'argile.

Solidification des chaux. — La chaux aérienne exposée à l'air absorbe peu à peu l'acide carbonique et se transforme en carbonate qui s'agglomère avec les grains de sable que l'on est obligé d'ajouter pour parer à l'inconvénient du retrait, et forme ainsi une masse très dure. Cette carbonatation ne se fait que très lentement et au contact de l'air, aussi a-t-on remarqué, que dans les parties intérieures d'une construction, les mortiers conservaient leur état pâteux, même après un temps très long.

Dans la solidification des chaux hydrauliques, les réactions sont toutes différentes.

L'argile qui a été calciné à haute température, tend à s'hydrater et à former en outre avec la chaux un silicate double d'alumine et de chaux qui acquiert une grande dureté.

Les analyses qui suivent donneront une idée générale de la composition des chaux et de leur qualité; elles ont été empruntées à un article de M. Hervé-Mangon, dans le *Dictionnaire des Arts et Manufactures*.

LOCALITÉ	COMPOSITION DES CALCAIRES pour 100					COMPOSITION DES CHAUX pour 100					QUALITÉ
	Sable	Argile	Carbonate de chaux	Carbonate de magnésie	Oxyde de fer	Sable	Argile	Chaux	Magnésie	Oxyde de fer	
Marbre											
de Carare . . .	»	»	100	»	»	»	»	100	»	»	très grasse
Pierre à chaux											
de Vaugirard . .	»	1,5	98,5	»	»	»	2,80	97,2	»	»	très grasse
de Lagneux. . .	»	0,5	94,0	1,60	3,9	»	»	91,6	1,5	6,9	gra sse
de Vichy . . .	»	»	87,2	10,00	2,8	»	»	86,0	9,0	5,0	médiocrement grasse
de Calviac . . .	19,64	2,6	77,8	»	»	24,75	3,25	70,0	»	»	très maigre
de Villefranche. .	»	»	60,9	30,30	8,8	»	»	90,0	26.2	13,80	très maigre

Fours a chaux. — On distingue deux espèces de fours à chaux : *les fours à cuisson intermittente* et les *fours à cuisson continue*, appelés aussi fours coulants.

Fours intermittents. — Ces fours ne sont plus guère employés actuellement. Ils se composent d'une

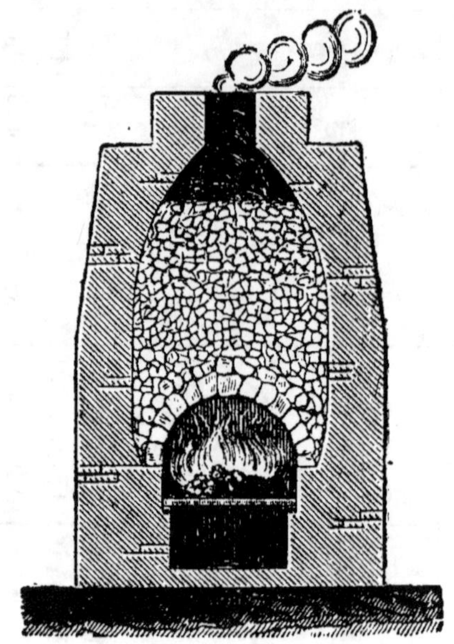

Fig. 36. — Four à chaux. Four intermittent.

cuve en briques de 3 mètres de haut avec un revêtement intérieur en briques réfractaires. On commence par construire dans le bas du four une voûte avec les plus gros morceaux de calcaire, puis on remplit le four de morceaux de plus en plus menus, de façon à ce que les plus gros reçoivent le plus de chaleur. On allume alors du feu sous la

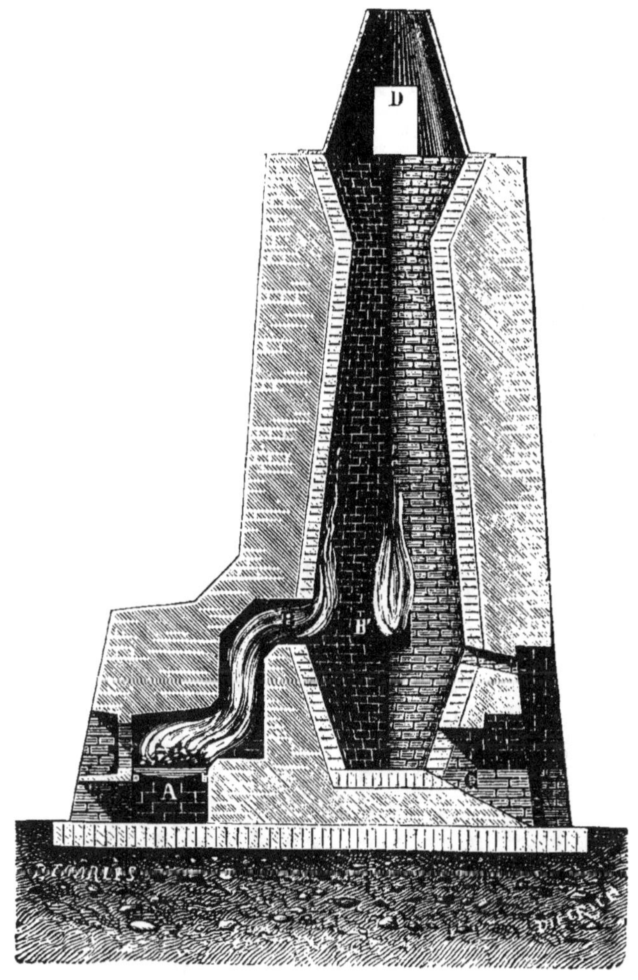

Fig. 37. — Four à chaux. Four continu.

voûte et on augmente la température jusqu'à ce que
les morceaux du haut soit passés à l'état de chaux

vive. On laisse tomber le feu et on ne défourne que lorsque les matières sont presque froides.

Fours continus. — Les fours intermittents ont l'inconvénient de produire peu, puisqu'il faut laisser refroidir les matières dans l'appareil.

On se sert plutôt aujourd'hui de fours qui fonctionnent d'une façon continue.

Ces fours, dont la forme rappelle celle des hauts fourneaux, possèdent un ou plusieurs foyers latéraux alimentés au bois ou à la houille.

Les fours continus, dont la hauteur va jusqu'à 10 mètres, sont munis à leur partie inférieure d'un couloir voûté par lequel on défourne la matière.

BIOXYDE DE CALCIUM

Il existe également un broxyde de calcium CaO^2, qui possède les mêmes propriétés que le bioxyde de baryum.

CHLORURE DE CALCIUM

Ca = 20 »	63,96
Cl = 35,50	36,04
55,50	100 »

Le chlorure de calcium n'a que peu d'applications; son affinité pour l'eau le rend cependant précieux pour conserver les matières à l'abri de l'humidité.

18.

Chauffé au rouge en présence de vapeur d'eau, il se dissocie et abandonne tout son acide chlorhydrique.

Pelouze avait même songé à utiliser cette propriété du chlorure de calcium pour fabriquer l'acide chlorhydrique.

La dissociation du chlorure calcique se produit même en partie lorsque l'on fait bouillir une dissolution de ce sel, aussi doit-on autant que possible éviter d'employer des eaux chargées de chlorure pour l'alimentation des chaudières dont le métal est très vite attaqué par l'acide chlorhydrique mis en liberté.

BROMURE ET IODURE

Le calcium se combine comme le baryum au brome et à l'iode ; ces composés n'offrent rien de bien particulier.

HYDROFLUOSILICATE

Ce sel se prépare en dissolvant du carbonate de chaux dans l'acide hydrofluosilicique.

Silicatisation. — On a utilisé ce corps dans la construction pour durcir la surface des pierres calcaires exposées à l'eau. Pour cela, on enduit les pierres d'acide hydrofluosilicique, ou mieux, comme l'a démontré M. Kessler, on emploie pour cet usage les hydrofluosilicates solubles de magnésie, d'alumine ou de zinc. Les hydrofluosilicates colorés, de cuivre, de chrome ou de fer, permettent d'obtenir à la fois le durcissement et des colorations variées.

SULFURES DE CALCIUM

Le calcium se combine au soufre pour donner plusieurs sulfures analogues aux sulfures de baryum.

La préparation du monosulfure de calcium se fait comme celle du monosulfure de baryum, en chauffant dans des creusets un mélange de charbon et de gypse.

Il existe également un sulfhydrate de sulfure et une série d'oxysulfures.

HYPOCHLORITE DE CHAUX

L'hypochlorite de chaux s'obtient en saturant par l'hydrate de chaux l'acide hypochloreux.

Les acides décomposent ce corps et laissent dégager l'acide hypochloreux.

CHLORURE DÉCOLORANT

Sous le nom de chlorure de chaux, on fabrique un produit qui a une très grande importance dans l'industrie.

Ce produit s'obtient en faisant réagir le chlore sur la chaux.

$$2Cl + 2CaO = CaO,ClO + CaCl$$

Le chlorure de chaux serait donc un mélange d'hypochlorite et de chlorure de calcium.

On n'est cependant pas d'accord sur la constitution chimique du chlorure de chaux.

Les uns admettent que c'est un mélange d'hypochlorite hydraté et d'hydrate de chaux qui aurait pour formule :

$$2(CaO,ClOHO) + CaO,HO$$

Frésénius estime que la formule en est plus compliquée et que ce produit est un mélange d'hypochlorite et d'oxychlorure.

$$CaO,ClO + CaCl,2CaO + 2HO$$

Propriétés. — Le chlorure de chaux du commerce a l'aspect d'une poudre blanche, répandant une légère odeur de chlore.

Il ne se dissout pas complètement dans l'eau ; le résidu insoluble est de la chaux hydratée.

Le liquide qui marque environ 10 degrés Beaumé est une dissolution de chlorure de calcium et d'hypochlorite de chaux.

Fabrication industrielle du chlorure de chaux. — L'opération consiste à faire absorber du chlore par de la chaux hydratée, mais cette opération, qui paraît simple, exige cependant certaines précautions, si l'on veut obtenir un produit de bonne qualité.

Il faut d'abord choisir avec soin le calcaire ou la

chaux qui doivent servir à la fabrication du chlorure et, en principe, il faut prendre des produits aussi purs que possible. Une chaux qui contiendrait du fer en proportion un peu importante donnerait un produit coloré, et si la chaux était magnésienne, le chlorure qui renfermerait du chlorure de magnésium absorberait l'humidité de l'air.

Il faut, en outre, attacher une grande importance au degré d'hydratation de la chaux.

La chaux vive, en effet, n'absorbe pas le chlore, et si la matière première en renfermait une proportion un peu importante, la valeur du produit qui se vend à la quantité de chlore contenue en serait diminuée d'autant.

Si on ajoutait trop d'eau, la chaux s'agglomérerait et se chlorurerait difficilement.

Dans la pratique, on opère de façon à ce que l'hydrate contienne environ 8 pour 100 d'eau en plus que l'hydrate desséché à 100 degrés.

L'appareil servant à la fabrication du chlorure de chaux se compose essentiellement d'une chambre tapissée en asphalte ou en pierres siliceuses enduites de goudron de façon à n'être pas attaquée par les vapeurs de chlore. Cette chambre, lutée avec soin, renferme une série de claies sur lesquelles on dispose la chaux hydratée, destinée à absorber le chlore qui arrive par la partie supérieure de l'appareil.

Dans les usines qui fabriquent le chlorure de

chaux, on organise le travail de façon à chlorurer dans le jour. On laisse le chlorure toute la nuit dans la chambre pour faire le matin la vidange et l'embarillage. Cette dernière opération doit être faite rapidement sous peine de décomposition partielle du produit.

La température a une influence assez notable sur la richesse en chlore du chlorure. C'est ainsi qu'en été on n'obtient guère un produit contenant plus de 33 pour 100 de chlore actif, tandis qu'en hiver on arrive à 36 pour 100 environ.

M. Scheurer-Kestner qui a étudié en détail la fabrication du chlorure de chaux a établi les règles suivantes :

1° La chaleur due à la combinaison du chlore avec la chaux est favorable à l'absorption du gaz et peut aller jusqu'à 55 degrés.

2° Un excès de chlore abaisse le degré chlorométrique une fois le maximum atteint et ce fait a lieu même sans augmentation de température.

3° Si la chaux renferme un excès d'eau, cette eau est déplacée pendant la chloruration.

Chlorure liquide. — On fabrique également un chlorure de chaux liquide obtenu en faisant barboter un courant de chlore dans un lait de chaux, mais ce produit est à peu près abandonné depuis la fabrication des hypochlorites alcalins.

Usages du chlorure de chaux. — Il sert dans

le blanchiment des tissus et dans la décoloration de la pâte à papier. On l'utilise comme désinfectant et comme oxydant énergique.

C'est en outre une source de chlore facilement transportable qui est souvent utilisée dans la fabrication des produits chimiques.

PHOSPHATE DE CHAUX

La chaux forme avec l'acide phosphorique trois phosphates qui correspondent à la substitution de 1,2,3, équivalents de chaux à 1,2,3, équivalents d'eau dans l'acide phosphorique $PhO^5,3HO$.

Phosphate tribasique.

$$3CaO,PhO^5$$

Ce phosphate se rencontre comme nous l'avons dit dans plusieurs étages géologiques ; il porte alors les noms d'apatite et de phosphorite.

Phosphate neutre.

$$(2CaO,HO,PhO^5)$$

Ce phosphate ce produit lorsqu'on verse du chlorure de calcium dans une dissolution de phosphate neutre de soude.

Phosphate acide.

$$CaO,2HO,PhO^5$$

Le phosphate acide est soluble dans l'eau ; il s'obtient en traitant le phosphate tribasique par l'acide sulfurique.

SUPERPHOSPHATES

Ce phosphate a une grande importance en agriculture où on l'utilise comme engrais sous le nom de superphosphate[1].

Le superphosphate est préféré pour cet usage aux phosphate tribasique, parce qu'il est plus facilement assimilable par suite de sa solubilité dans l'eau.

On le prépare dans l'industrie en malaxant de l'apatite ou des cendres d'os réduites en poudre avec de l'acide sulfurique :

$$3CaO,PhO^5 + 2SO^3,HO = CaO,2HO,PhO^5 + 2CaO,SO^3$$

Si la quantité d'acide sulfurique employée est insuffisante, il se produit ce que l'on appelle une *rétrogradation;* il se forme du phosphate neutre insoluble par suite de l'action du phosphate acide sur le carbonate de chaux qui peut se trouver mélangé au produit.

[1] Voy. Larbalétrier, *Les Engrais*, Paris, J. B. Baillière.

Caractères analytiques des sels de calcium. — Les sels de chaux donnent comme les sels de baryte et de strontiane un précipité blanc avec l'acide sulfurique et les sulfates, mais ce sulfate de chaux est soluble dans l'eau et dans l'acide chlorhydrique.

Les carbonates alcalins donnent un précipité de carbonate de chaux également soluble dans l'eau, surtout si cette eau renferme de l'acide carbonique.

L'oxalate d'ammoniaque donne un précipité d'oxalate de chaux insoluble dans l'eau, on utilise cette réaction pour le dosage de la chaux.

Analyses des calcaires et des chaux. — On pèse 2 grammes de matière finement pulvérisée que l'on calcine au rouge blanc à l'aide d'un chalumeau d'émailleur. Sa perte de poids donne l'acide carbonique et l'eau.

La matière calcinée est alors attaquée dans une capsule de porcelaine par 5 centimètres cubes d'acide chlorhydrique que l'on évapore à sec pour rendre la silice insoluble. On filtre pour séparer la silice que l'on calcine et que l'on pèse. La liqueur filtrée est traitée par l'ammoniaque qui précipite le fer et l'alumine qui sont également recueillis sur un filtre, calcinés et pesés.

La chaux est alors précipitée, dans la liqueur séparée du fer, par l'oxalate d'ammoniaque et pesée à l'état de chaux caustique ou de carbonate de chaux.

Il ne reste plus alors qu'à précipiter la magnésie par le phosphate d'ammoniaque.

Le phosphate ammoniaco-magnésien est long à se former et exige douze heures pour sa précipitation complète. On le calcine et on pèse la magnésie à l'état de pyrophosphate.

Pour les calcaires à ciments, on devra doser le sable en attaquant une certaine quantité de matières, 2 grammes par exemple, par l'acide chlorhy-drique étendu. Le résidu insoluble calciné et pesé donnera le sable.

CHAPITRE XIV

MAGNÉSIUM

**I. Historique. — Fabrication. — Propriétés.
Usages. — Etat naturel.**

Historique. — Bergman et Marggra ont, les premiers, montré les propriétés caractéristiques de la magnésie, et Davy, opérant comme il l'avait fait pour les métaux alcalino-terreux, démontra que la magnésie est une combinaison de l'oxygène avec un métal, le magnésium.

Fabrication du magnésium. — Le procédé de fabrication encore suivi actuellement est dû à MM. Sainte-Claire Deville et Caron. Il présente beaucoup d'analogie avec le procédé Deville pour la fabrication de l'aluminium.

On mélange rapidement:

Chlorure de magnésium anhydre. . . . 600 parties
Fluorure de calcium pur . . . . 48.) —
Sodium en morceaux . . . . 230 —

On introduit ce mélange dans un creuset en terre préalablement chauffé au rouge que l'on referme aussi hermétiquement que possible.

La réaction se produit presque immédiatement. On remue le bain avec une tige de fer, puis on retire le creuset du feu et on ajoute un peu de spath fluor pulvérisé pour refroidir plus rapidement le bain. Les globules métalliques se réunissent en un culot qui occupe la partie supérieure de la masse.

On obtient par ce procédé les trois quarts du rendement théorique.

Purification. — Le métal ainsi obtenu n'est pas pur; il faut le purifier. Pour cela on place le métal dans un tube en charbon de cornue, d'un diamètre assez grand, dans lequel on fait passer un courant d'hydrogène pur et sec. Le tube de charbon est entouré d'un autre tube en terre chauffé au rouge blanc par un foyer extérieur; le magnésium ne tarde pas à distiller.

On a proposé un autre procédé qui paraît plus simple et qui consiste à faire réagir la limaille de fer sur le sulfure de magnésium.

Propriétés. — Le magnésium ressemble au zinc comme aspect général et il se recouvre très rapidement, comme lui, d'une couche d'oxyde.

Il est malléable et ductile quoique peu résistant. Sa densité est de 1,75 et il fond à peu près à la température d'ébullition du zinc.

Le magnésium est complètement inaltérable dans l'air sec ; sous l'influence de l'air humide il s'oxyde peu à peu.

Lorsqu'on le chauffe à l'air au-dessus de son point de fusion, il brûle en donnant une flamme blanche très éclatante. Le dégagement de la chaleur est très grand, puisque :

$$Mg + O = MgO + 72^{cal},9$$

et cette chaleur d'oxydation est suffisante pour porter la magnésie qui se forme à l'incandescence.

Le magnésium brûle également dans la vapeur d'eau, dans le chlore et dans la vapeur de soufre. Comme l'aluminium, il réduit la silice des silicates et la plupart des oxydes métalliques.

Usages. — Le magnésium n'a guère reçu jusqu'à ce jour qu'une seule application, nous voulons parler de l'éclairage au magnésium employé en photographie. A cet effet, le magnésium est mis en rubans extrêmement minces qui se déroulent sur un tambour mu par un mouvement d'horlogerie et viennent brûler à l'air dans des lampes spéciales munies de réflecteurs.

Etat naturel. — Le magnésium à l'état de combinaisons est très abondant dans la nature.

Sous forme de chlorure il existe dans l'eau de mer. On le trouve également à l'état de sulfate dans certaines eaux minérales à Sedlitz (Bohême) et à Epsom par exemple.

C'est surtout sous forme de silicates plus ou moins complexes que l'on rencontre le plus souvent le magnésium ; la serpentine et l'écume de mer sont des silicates de magnésie. Combiné à l'acide carbonique et au carbonate de chaux, il constitue la dolomie qui est le minerai le plus fréquemment employé.

II. Composés du magnésium.

Magnésie. — Chlorure de magnésium. — Oxychlorure, sulfure, phosphure et siliciure. — Sels de magnésium : carbonate, nitrate, sulfate et phosphate. — Caractères analytiques des sels de magnésie.

MAGNÉSIE

$Mg = 12$		60
$O\ = 8$		40
20		100

Le magnésium ne forme qu'une combinaison avec l'oxygène, le protoxyde ou magnésie.

Fabrication. — On prépare la magnésie anhydre en calcinant le carbonate de magnésie. C'est ce qu'on appelle en pharmacie la magnésie calcinée.

Au contact de l'eau, la magnésie s'hydrate et forme la combinaison $MgO.HO$ que l'on peut aussi obtenir en traitant la solution d'un sel de magnésie par une dissolution de soude caustique.

Propriétés. — C'est une poudre blanche, amorphe, insoluble dans l'eau. Sa densité est de 2,3.

La magnésie est un des corps les plus infusibles que l'on connaisse. C'est une base énergique vis-à-vis des acides.

Usages. — La magnésie est utilisée en médecine ; à faible dose elle est administrée pour combattre l'acidité anormale de l'estomac et à forte dose elle constitue un purgatif léger.

La métallurgie utilise la magnésie sous forme de briques et de pisés qui ont le double avantage d'être basiques et infusibles au moins dans une certaine mesure. Pour cet usage, on préfère souvent la dolomie, carbonate de chaux et de magnésie dont le prix est moins élevé.

CHLORURE DE MAGNÉSIUM

$Mg = 12$ »	74,74
$Cl = 35,50$	25,26
47,50	100 »

Propriétés. — Le chlorure de magnésium est déliquescent, très soluble dans l'eau et d'une saveur amère. Il est peu stable, car si l'on évapore sa dissolution, il se dissocie en donnant de l'acide chlorhydrique.

Cette facilité de dissociation fait que l'on doit éviter, autant que possible, d'employer les eaux chargées de chlorure de magnésium à l'alimentation des chaudières et que l'on ne doit pas pousser trop loin l'évaporation de l'eau de mer sous peine de détériorer très rapidement les appareils.

Préparations. — Le chlorure dissous se prépare en traitant de la magnésie par l'acide chlorhydrique et concentrant le liquide.

On ne peut pas préparer le sel anhydre par ce procédé à cause de la facilité avec laquelle il se dissocie.

Il faut, pour obtenir le sel anhydre, faire passer un courant de chlore sur de la magnésie chauffée au rouge.

On peut également l'obtenir en ajoutant à la dissolution de chlorure un excès de sel ammoniac. On évapore le liquide et on calcine le résidu. Le chlorure double qui se forme est plus stable et ne se décompose pas par l'évaporation. La calcination volatilise le sel ammoniac et il reste finalement du chlorure de magnésium anhydre qui se présente en lamelles blanches.

Usages. — On a utilisé la facilité de dissociation du chlorure de magnésium pour fabriquer du chlore.

Le chlorure est concentré jusqu'à 44 degrés Beaumé et on mélange au liquide du peroxyde de manganèse en poudre, de façon à ce que le mélange contienne

1 équivalent de peroxyde pour 2 équivalents de chlorure.

Le mélange est soumis à l'action de la vapeur d'eau surchauffée à 300 degrés ; il se dégage du chlore que l'on recueille dans des touries.

On emploie la dissolution de chlorure de magnésium comme liquide incongelable.

Oxychlorure.

En mélangeant de la magnésie fortement calcinée à une dissolution de chlorure de magnésium, on obtient, après quelques heures, une substance très dure qui est de l'oxychlorure de magnésium.

Cet oxychlorure est utilisé pour faire des ciments, des mosaïques, etc., etc.

SULFURE DE MAGNÉSIUM

On obtient le sulfure en faisant barboter de l'acide sulfhydrique dans de l'eau contenant en suspension de l'hydrate de magnésie. Le sulfhydrate de sulfure qui se forme se décompose par l'ébullition, en acide sulfhydrique et sulfure de magnésium.

Ce composé n'a aucune application.

PHOSPHURE DE MAGNÉSIUM

On le prépare en faisant réagir le phosphore sur le magnésium. Le phosphure de magnésium décompose

l'eau et les acides en donnant du phosphure d'hydro·
gène.

SILICIURE DE MAGNÉSIUM

On le prépare en chauffant un mélange de sel marin, d'hydrofluosilicate de soude et de magnésium en morceaux.

On obtient un culot métallique qui est traité par le sel ammoniac, de façon à dissoudre le métal. Le siliciure reste à l'état cristallin.

CARBONATE DE MAGNÉSIE

On trouve ce composé dans la nature sous le nom de *giobertite*. Il est blanc, d'une densité de 3,03 et se dissout facilement dans une eau chargée d'acide carbonique.

Chauffé au-dessus de 300 degrés, le carbonate se décompose ; l'acide carbonique se dégage.

Préparation. — Dans les laboratoires on prépare un hydrocarbonate de magnésie en versant une dissolution de carbonate de soude dans une dissolution de sulfate de magnésie. Le précipité gélatineux qui se forme, séché à 100 degrés, présente l'aspect d'une poudre blanche. C'est la magnésie blanche des pharmaciens. Sa composition correspond à :

$$2MgO,C^2O^4 + 2MgO,HO + 3H^2O^2$$

Sous l'influence d'une température peu élevée, la magnésie blanche se transforme en carbonate anhydre.

NITRATE DE MAGNÉSIE

Ce sel est déliquescent comme le chlorure. Il est préparé en faisant réagir l'acide azotique sur le carbonate de magnésie. La chaleur décompose le nitrate de magnésie en donnant d'abord un sous-nitrate, puis de la magnésie.

On utilise le nitrate de magnésie à l'épaillage des laines.

SULFATE DE MAGNÉSIE

$$MgO = 20 \qquad 66,67$$
$$SO^3 = 40 \qquad 33,33$$
$$\overline{\quad 60 \quad} \qquad \overline{100 \quad »}$$

C'est le plus important de tous les sels de magnésie. Il est incolore, soluble dans l'eau et d'un goût amer.

A la température ordinaire, il cristallise avec 7 équivalents d'eau.

Le sulfate de magnésie ne se décompose qu'à une température très élevée.

Fabrication. — On traite la dolomie par l'acide sulfurique. Le sulfate de chaux qui se forme est à peu près insoluble ; on le sépare facilement. On purifie ensuite le sulfate de magnésie par plusieurs cris tallisations.

Usages. — A la dose de 40 grammes environ, il constitue un purgatif assez énergique; on préfère souvent employer pour cet usage des eaux minérales naturelles contenant ce sel en dissolution.

Le sulfate de magnésie sert encore à préparer la magnésie pure et les différents composés magnésiens.

PHOSPHATE DE MAGNÉSIE

Ce corps se prépare en mélangeant des dissolutions chaudes de sulfate de magnésie et de phosphate de soude. Il est peu soluble dans l'eau, et, sous l'action prolongée de l'eau bouillante, il se décompose en acide phosphorique et en phosphate tribasique.

Caractères des sels de magnésie. — Les oxydes alcalins donnent un précipité d'hydrate soluble dans les sels ammoniacaux. L'ammoniaque et le carbonate d'ammoniaque ne précipitent que partiellement la magnésie.

La réaction caractéristique de la magnésie est le précipité de phosphate ammoniaco-magnésien que l'on obtient en traitant par le phosphate de soude une dissolution magnésienne rendue préalablement ammoniacale.

FIN

TABLE ALPHABÉTIQUE

FIN DE LA TABLE ALPHABÉTIQUE

TABLE DES MATIÈRES.

TABLE DES MATIÈRES

FIN DE LA TABLE DES MATIÈRES

Lyon. — Imp. Pitrat Aîné, A. Rey Successeur, 4, rue Gentil. — 7109